用户（业主）主导的特高压输电工程 自主创新管理理论与实践

孙昕　曾鸣　杨善林　著

中国电力出版社
CHINA ELECTRIC POWER PRESS

内 容 提 要

为成功实施发展特高压输电战略，国家电网公司探索提出了从生产关系调整入手提升创新力的管理思想，发挥整体优势成功实践了以"用户（业主）主导、依托工程、自主创新、产学研联合攻关"为基本特征的用户（业主）主导的特高压创新管理新模式，其管理创新成果获得了国家级企业管理现代化创新成果一等奖，对于我国工业领域其他行业的跨越式创新发展具有重要借鉴。本专著共分七章，包括概述、中国输电工程项目的创新环境、用户需求主导的工程建设创新管理理论、用户（业主）主导的特高压输电工程自主创新管理体系、用户（业主）主导的特高压输电工程自主创新管理成果、特高压输电工程用户（业主）创新管理的效果、中国特高压输电工程布局及项目建设。

本书可供从事工程建设的相关专业技术人员和管理人员学习使用，也可供高等院校项目管理、管理科学等相关专业师生参考。

图书在版编目（CIP）数据

用户（业主）主导的特高压输电工程自主创新管理理论与实践 / 孙昕，曾鸣，杨善林著. —北京：中国电力出版社，2019.2（2020.12 重印）
ISBN 978-7-5198-0460-2

Ⅰ．①用⋯　Ⅱ．①孙⋯②曾⋯③杨⋯　Ⅲ．①特高压输电–输电线路–工程施工–施工管理–研究　Ⅳ．①TM726.1

中国版本图书馆 CIP 数据核字（2019）第 034252 号

出版发行：中国电力出版社
地　　址：北京市东城区北京站西街 19 号（邮政编码 100005）
网　　址：http://www.cepp.sgcc.com.cn
责任编辑：王春娟（010-63412350）　赵　杨
责任校对：黄　蓓　常燕昆
装帧设计：张俊霞
责任印制：石　雷

印　　刷：三河市万龙印装有限公司
版　　次：2019 年 2 月第一版
印　　次：2020 年 12 月北京第二次印刷
开　　本：710 毫米×1000 毫米　16 开本
印　　张：14.75
字　　数：230 千字
定　　价：78.00 元

  传统的创新管理通常是制造商主导的创新模式，制造商通过市场访问调查、数据分析等方式获取用户需求，再根据需求创新，提供新的产品和服务。制造商与用户之间是供给—需求而非合作关系，制造商通过销售产品获益，同时承担所有的创新风险，用户作为最终消费者，在产品创新上始终处于被动地位。

  用户创新管理是用户为满足自身需求而发起并组织的创新活动，强调用户较其他主体在创新活动中的主导控制地位，弥补了传统创新管理理念的不足，是创新管理理论的重要组成部分。在用户创新管理模式下，用户是创新过程中的决策者和支持者，其他创新主体具体执行和实施创新过程，并对用户需求负责。用户创新管理作为自主创新的有效模式，在巨型水轮机、高端液压支架、轨道交通装备等工程实践中均发挥了重要作用。以用户（业主）主导的产学研用创新联合体在特高压输电工程技术创新、集成创新、工程建设和装备产业发展上取得巨大成功。

  特高压输电是指交流 1000kV、直流±800kV 及以上电压等级的输电，具有大容量、远距离、低损耗、省占地的突出优势，代表了国际上高压输电技术研究、设备制造和工程应用的最高水平。我国提出发展特高压输电之初，世界上还没有商业运行的特高压工程、成熟的技术、设备及相应的标准、规范，特高压技术"无处买""买不来"。而多主体分段负责的常规输变电工程管理模式，难以形成创新合力，存在资源分散、耗时长、耗资多、难以突破核心技术创新瓶颈等问题，无法满足当时特高压输电工程的建设需求。

  作为发展特高压输电技术的倡导者和用户，国家电网公司拥有国内最先进的电力技术研发、工程建设和运行管理资源，积累了一套超高压输变电工程建设和运行经验。为在较短时间内实现特高压输电技术的创新突破、破解电力发展难题，基于当时我国能源电力领域和电工装备制造业状况和发展需要，国家电网公司以业主和最终用户为一体的身份，承担起整合国内电力、机械行业等各方面创新资源，主导特高压输电工程创新的重任，探索提出了从生产关系调整入手提升创新力的管理思想，发挥整体优势成功实践了以"用户（业主）主导、依托工程、自主创新、产学研联合攻关"为基本特征的用户（业主）主导的特高压输电工程创新管理新模式。打破常规输变电工程管理模式，主导整合国内相关高校、科研、设计、制造、施工、试验、运行单位的资源和力量，形成了巨大创新合力，用 5 年左右时间在世界上率先实现了特高压交、直流输电从理论研究到工程实践的全面突破，掌握了特高压输电从规划设计、设备制造、施工安装、调试试验到运行维护的全套核心技术，建立基础类、方法类、产品类三个层面标准体系，取得一系列重大创新成果，创造了一大批世界纪录，实现了"中国创造"和"中国引领"。用户（业主）主导的特高压输电工程自主创新实践获得了业内外的广泛认可，形成了一种大型工程项目管理的新模式，其管理创新方面获得了国家级企业管理现代化创新成果一等奖，科技创新方面获得了 2 项国家科技进步奖特等奖，对于我国工业领域其他行业的跨越式创新发展具有重要借鉴意义。

本书共分 7 章。第 1 章从工程项目管理理论和方法入手，介绍了项目管理创新的理论依据；第 2 章从外部环境、内部动机等方面对我国输电工程项目的创新环境进行了分析，提出了新形势下我国输电工程项目管理创新驱动的整体方向；第 3 章由传统创新模式引入，提出了用户需求主导的创新管理理论及构建用户创新的基本管理体系与保障机制；第 4 章介绍了用户（业主）主导的创新管理理论在世界级特高压输电工程中的实践应用；第 5 章介绍了用户（业主）主导的特高压输电工程自主创新管理成果及工程案例；第 6 章从经济、技术、社会环境等方面分析了用户（业主）主导的创新管理理论在特高压输电工程中的应用效果；第 7 章介绍了我国特高压输电工程布局及项目建设情况。本次印刷对相关工程内容数据进行更新。

本书由孙昕、曾鸣、杨善林合著，由孙昕负责统稿和审校，韩先才、王绍武、王怡萍、吴志力、欧阳邵杰等给予了大力的帮助，清华大学、合肥工业大学、国网经研院等有关单位也提供了有力支持和宝贵意见，在此一并致谢。

本书可为从事工程建设的相关专业技术人员和管理人员提供指导，也可供高等院校项目管理、管理科学等相关专业师生参考。

受编写经验所限，书中难免出现疏漏和不足之处，恳请广大读者批评指正，有关工程实践的内容将根据工程实际进展持续更新和完善。

作　者

2020 年 10 月

目 录

第1章 概　　述

1.1　工程项目与管理

1.1.1　工程项目的定义和特点

"项目"（Project）一词已被广泛地应用于社会经济和文化生活的各个领域。关于项目的定义有很多，许多管理专家都企图用简单通俗的语言对项目进行抽象性概括和描述。本书采用项目管理领域应用广泛的定义，即 1964 年 Martino 对项目的定义："项目为一个具有规定开始和结束时间的任务，它需要使用一种或多种资源，具有多个为完成该任务所必须完成的互相独立、互相联系、互相依赖的活动。"

工程项目是以工程建设为载体的项目，是作为被管理对象的一次性工程建设任务，它以建筑物或构筑物为目标产出物，需要一定的费用，按照一定的程序，在指定的时间期限内完成，并且要符合一定的质量要求。工程项目是现代社会经济活动中最为常见和典型的项目类型，是项目管理的重点。

工程项目具有以下特点：

（1）具有特定的对象。任何管理活动或项目活动指向确定的、具体的对象，工程项目管理的对象决定了工程项目的基本特性，如项目的活动范围、项目规模和项目预期成果等，一切工程项目管理活动都是围绕它的对象进行的。

工程项目的对象一般被认为是有特定目标要求的工程技术系统。"特定目标"一般指项目业主方指定的一定的功能要求、功能技术指标和质量性能。

为顺利完成工程项目的投资建设，通常要把每一个工程项目划分成若干个工作阶段，以便更好地进行管理。一般认为工程项目可以划分为工程项目策划和决策阶段，工程项目准备阶段，工程项目实施阶段，工程项目竣工验收和总结评价阶段五个阶段，项目目标在项目策划和决策阶段得到确定，在项目的准备阶段被逐渐分解、细化和具体化，并通过项目实施阶段逐步得到实现，并在运行（使用）中实现价值。

工程项目的对象在工程项目各个阶段有不同的体现，在工程项目策划和决策阶段体现为可行性研究报告，在工程项目实施阶段体现为项目任务书、设计图纸、规范、实物模型等定义和说明。

（2）有时间限制。人们对工程项目的需求有一定的时间限制，希望尽快地实现项目的目标，发挥项目的效用，没有时间限制的工程项目是不存在的。这有两方面的意义：

1）一个工程项目的持续时间是一定的，即任何项目不可能无限期延长，否则这个项目无意义。工程项目的时间限制不仅确定了项目的生命期限，而且构成了工程项目管理的一个重要目标，例如规定一个工厂建设项目必须在四年内完成。

2）市场经济条件下工程项目的作用、功能、价值只能在一定历史阶段中体现出来，则项目的实施必须在一定的时间范围内进行。例如企业投资开发一个新产品，只有在市场推出替代产品前将该工程建成投产，产品及时占领市场，该项目才有价值。

项目的时间限制通常由项目开始期、持续时间、结束期等构成。

（3）有资金限制和经济性要求。任何工程项目都不可能没有财力上的限制，必然存在着与任务（目标）相关的（或者说相匹配的）投资、费用或成本预算。如果没有财力的限制，人们就能够实现当代科学技术允许的任何目标，完成任何工程项目。

工程项目的资金限制和经济性要求常常表现在：

1）必须按投资者（企业、国家、地方等）所具有的或能够提供的财力策划相应工程范围和规模的项目。

2）必须按项目实施计划安排资金计划，并保障资金供应。

3）以尽可能少的费用消耗（投资、成本）完成预定的工程目标，达到预定的功能要求，提高工程项目的整体经济效益。

现代工程项目资金来源渠道较多，投资呈多元化，人们对项目的资金限制越来越严格，经济性要求也会越来越高。这就要求尽可能做到全面的经济分析，精确的预算，严格的投资控制。在现代社会中，财务和经济性问题已成为工程项目能否立项、能否取得成功的最关键问题。

（4）一次性。任何工程项目都是特定功能需求和特定时空条件下产生的，是一次性的，不可重复的。工程项目的一次性是项目管理不同于一般企业管理的重要特性。一般的企业管理工作，特别是企业职能管理工作，虽然有阶段性，但它却是循环往复的，具有继承性和周期性。而项目是一次性的，工程项目管理活动也是一次性的，工程项目的计划、控制、组织等管理活动都是一次性的。

（5）特殊的组织形态与适用法律。良好的组织结构是实现工程项目目标的关键因素，与一般的企业组织相比，项目组织形态具有特殊性。企业组织按企业法和企业章程建立，组织单元之间主要为行政的隶属关系，组织单元之间的协调和行为规范按企业规章制度执行，企业组织结构是相对稳定的。而工程项目组织是一次性的，随项目确立而产生，随项目结束而消亡；项目参加单位之间主要靠合同作为纽带，建立起组织，同时以经济合同作为分配工作、划分责权利关系的依据；而项目参加单位之间在项目过程中的协调主要通过合同和项目管理规则实现；项目组织是多变的、不稳定的。

工程项目适用与其建设和运行相关的法律条件，例如《中华人民共和国合同法》《中华人民共和国环境保护法》《中华人民共和国税法》《中华人民共和国招标投标法》等。

（6）系统性。随着现代社会的科技水平越来越高，社会分工越来越复杂，现代工程项目的规模越来越大，涉及的范围越来越广，需要协调的各种资源、各种关系越来越多，加之新技术、新工艺不断涌现，工程项目从不同的角度可以看作是技术系统、目标系统和行为主体系统，系统的观点可以让人更好地认识工程项目的本质规律。

1.1.2　工程项目管理一般性原理

原理是对客观事物本质和事物运动基本规律的描述。工程项目管理一般性原理是对工程项目管理活动进行科学分析和总结而形成的基本原理，是对工程项目管理活动的高度抽象，它深度综合概括了各项管理方法和管理制度，对于一切工程项目管理活动具有普遍的指导意义。工程项目管理一般性原理具有客观性、概括性、稳定性和系统性四个基本特征，是一切工程项目管理活动必须遵循的原理，研究工程项目管理一般性原理有助于强化工程项目管理工作，提高工程项目管理工作的效率和效益，进而充分实现项目目标。

工程项目管理领域主要有四大原理，分别是系统原理、人本原理、动态原理和效益原理。

1.1.2.1 系统原理

系统是由一系列相互联系、相互作用的部分（要素），在特定的环境中能发挥特定工程的有机整体，从本质上看，系统又是过程的复合体。从普遍意义上讲，人类社会和自然界的一切事物都是以系统方式存在的，每个事物都可以看作为系统。比如生态系统、经济系统、知识系统、工程技术系统等。从系统的组成成分上划分，系统可以分为自然系统和人造系统。自然系统是自然事物组成的，由自然力支配系统，如太阳系、生态系统、原子系统等；人造系统是人们为实现一定目的而构建的系统，如行政系统、经济系统、管理系统等。系统原理的主要观点包括四个方面。

（1）要注意系统的整体性。整体性是指，系统的各个要素之间相互协调，要素向系统相互协调，局部隶属服从于整体，使系统整体效果最优的特性。系统的功能不是各个部分功能的简单相加，而是大于各个部分功能的总和，各个部分组合形成系统整体后，产生系统功能，系统功能的形成是一种质变，它的功能大大超过各个部分的功能和各个部分功能的综合。一次系统的功能必须服从于系统整体功能，不然就会削弱整体功能。系统的整体性要求在工程项目管理活动中要注意把控全局，整体着眼，部分着手，统筹兼顾，实现整体最优。

（2）要注意系统的动态性。系统作为一个客观存在事物，是处于不断运动当中的，其稳定性是相对的、暂时的。系统内部要素的性质与状态，要素与要素、要素与系统之间的联系，系统与外部环境之间的相互作用等系统内外的各个方面都是处于不断的运动之中。因此，工程项目管理活动必须注意把握工程项目管理发展规律，持续改进，不断创新，主动调整各项管理环节以适应外部社会经济条件，以更好地实现预期目标。

（3）要注重系统的开放性。完全封闭的系统严格意义上来说是不存在的，任何有机系统都是耗散结构，系统必须与外界不断交流物质、能量和信息，才能保持其功能或者存在。在工程项目管理活动中，注重系统的开放性就是要充分估计外部各种因素对工程项目的影响，不断从外部系统吸收各种物质、能量和信息等有利资源，促进工程项目健康发展。

（4）要注重系统的综合性。系统的综合性就是系统各个部分和各个方面的各种因素需要联系起来，考察其中的共性和规律。任何一个系统都可以看作是为实现特定目标而组成的综合体。系统的综合性体现有两个方面：① 系统目标具有多样性和综合性；② 系统实施方案的选择具有多样性和综合性，系统目标的多样性和综合性，同一个问题可以有不同的解决方案，同一个目标可以有各种各样的途径和方法。工程项目作为一个复杂的系统，涉及面较广，进行工程项目管理活动既要学会把不同的普通事物进行综合，形成新的构思和新的解决方案，又要善于把复杂的问题或目标分解成最简单的单元进行处理。

1.1.2.2　人本原理

人是各种社会经济活动中最核心的要素，是各种组织活动的中心。现代社会已经逐步进入知识经济阶段，人已经不是单纯的生产要素或资本的附庸，作为知识的承载主体和知识的创新主体的人已经成为组织创造财富的源泉。因此，在工程管理活动中必须重视人的价值，在管理目标下最大限度地尊重人、关心人、依靠人、理解人、汇聚人、培养人、成就人，充分发挥人的主观能动性，才能使组织成员成为真正的利益共同体。人本原理主要包括三个方面。

（1）员工是组织的主体。现代管理理论认为，劳动者的行为决定了企业的生产效率、质量和成本。在工程项目管理中，人作为各项管理目标的落实者，人的态度和行为对目标的实现具有决定性作用，工程项目管理者必须把员工看作工程项目管理组织的主体，管理的目标不能局限于具体的工程项目目标，也包括促进员工在内的人的社会发展。

（2）员工的参与是有效管理的关键。只有全体员工共同努力才能使各项资源顺利转化为合格的产品和利润。为实现有效管理，必须把员工的个人目标和组织目标有效结合起来，使全体员工为共同的目标奋斗，而其中关键在于发挥员工参与管理的积极性。在工程项目管理中，吸引员工民主参与质量管理、设备管理、现场管理和成本管理等管理活动，以使工程项目管理的各项目标顺利实现。

（3）管理是为人服务的。管理为以人为中心的，是为人服务的。这里不仅包括组织内部成员，还包括组织外部的人，特别包括用户。让用户获得满意的产品和服务，让员工实现自身价值是组织持续发展的关键所在。

1.1.2.3 动态原理

工程项目管理的一系列活动、一切事物都是处于不断运动的动态过程，工程项目管理者需要不断地更新观念，避免僵化的事物观点和管理方法，更不能主观臆断，而需要把握外部环境的变化权衡行事。动态原理主要包括权变原理和弹性原理两方面内容。

权变就是随机应变，具体问题要具体分析，具体处理。权变原理认为，没有任何的管理对象、管理方法、管理理论是一成不变的，管理者必须根据具体的外部条件和组织内部条件做出适应性的管理举措。

弹性原理认为，管理所面临的问题是多因素的。这些因素既存在复杂联系又是经常变化的，事先不能精确估计。因此，管理的计划方案、管理的方法都应当有一定弹性，也就是适应性和应变能力。

1.1.2.4 效益原理

任何管理活动都是为获取某种效益，效益决定组织的生产和发展。效益原理要求一切工程项目管理活动要以追求效益为根本目的，以尽可能低的代价获得更多的劳动成果。效益原理主要包括三个方面。

（1）要确立管理活动的效益观。各项管理活动都应该以效益为中心，追求效益应成为一切管理活动的出发点和落脚点。在社会主义市场经济条件下，工程项目管理要注意把握市场动态，制定高适应性的管理方案，敏捷地适应复杂多变的外部环境，满足社会需求，提升项目实施效益。

（2）追求效益要注意局部效益和整体效益的协调。在管理活动中整体效益比局部效益更重要，整体效益不高或不可持续，局部效益也不能持久；而局部效益又是整体效益实现的基础，没有局部效益的提高，整体效益也很难上去。整体效益与局部效益既是对立的，又是统一的。因此在工程项目的管理活动中，必须协调好整体效益和局部效益，提高整体效益要从局部效益进行改善，整体效益与局部效益冲突时，要把整体效益放在首位。

（3）管理者要追求长期稳定高水平的效益。在现代市场经济条件下，组织无时无刻不处在激烈的竞争环境中，如果管理者只满足于眼前的效益水平，而对新产品、新工艺和市场新进入者等挑战视而不见，就会面临被淘汰的命运。因此在工程项目管理活动中，管理者必须具备卓越的见识和创新精神，积极推动技术开发、技术改造、人才开发，不断增强发展的潜力和后劲，保证组织保持长期、稳定、高水平的效益。

1.1.3 工程项目管理方法

工程项目管理方法是管理者为有效实现工程目标，保证工程项目活动顺利实施而采取的工作方式。工程项目管理理论只有通过有效的工程项目管理方法才能在工程实践中发挥作用。工程项目管理方法是工程项目管理理论和管理原理的具体化和实践化，是工程项目管理理论和管理原理指导工程项目实践的必要的中介和桥梁，具有不可替代的作用。随着工程项目管理研究的不断深化，工程项目管理方法已经成为一个系统的、相对独立的研究领域。

工程项目管理方法十分丰富，比如按照适用范围划分为普遍适用方法和特殊适用方法，按照管理对象划分为大型工程项目管理方法和一般工程项目管理方法，按照工程项目管理的职能内容划分为人事管理方法、物资管理方法、资金管理方法等。这里从通用管理手段的角度将工程项目管理方法分为法律方法、行政方法、教育方法和技术方法。

1.1.3.1 法律方法

为了促进工程项目管理的科学化、规范化，保证涉及工程项目管理的各个方面的正当权利，我国已经建立了完善的工程项目相关的法律法规体系，用于调整工程项目活动中各个主体之间所发生的各种关系。法律方法具有公开性、规范性、严肃性和强制性的特点，有助于保证工程管理项目秩序，协调各种管理因素之间的关系，并能够使工程项目活动规范化、制度化发展。

在工程项目管理活动中，各种法律法规相互配合、综合运用，由于各种组织、个人之间的关系复杂多变，要积极利用各种法规维护自身正当权益，同时也要严格遵守各项法律责任和义务，避免违背各种法律法规而引发不必要的损失。法律方法只能在有限的管理活动范围内发挥作用，并不能解决所有管理活动遇到的问题，在法律关系之外，管理活动发生的关系还有经济关系、社会关系和非正式关系等，法律方法要与其他方法综合应用，才能实现管理目标。

1.1.3.2 行政方法

行政方法指的是依靠组织的行政系统，运用命令、规定、指示、规章制度等行政手段，直接指挥下属进行各项工作的管理方法。行政方法具有权威性、强制性、垂直性、具体性、无偿性和稳定性等特点，有助于工程管理活动中组织内部统一目标、统一行动，同时也是其他工程管理方法实施的必要手段，便于直接调整组织内部各项关系，强化管理作用，并能及时有效处理各种特殊问题。

行政方法虽然是各种工程管理方法的基础，但是它强调人在行政系统中的地位，不正确地应用行政方法容易导致官僚主义、以权谋私、玩忽职守等问题。在工程项目管理中，管理者正确应用行政方法须认识到行政方法的服务目标是组织目标，而不是个人欲望；管理人员或者领导者需要具备大局意识、强大的个人能力和良好的道德素养，这样才能保证行政方法的管理效果；行政方法特别依赖信息的有效传输，特别是上下级之间的双向信息交互；行政方法需要与其他管理方法配合使用才能发挥最大效用。

1.1.3.3 经济方法

经济方法是依据各种经济规律，运用利润、价格、工资、奖金、经济合同等经济调节手段，调整不同经济主体之间的关系，以期获得各种经济效益和社会效益的方法。经济方法具有利益性、关联性、灵活性和平等性的特点，利用广泛的利益关系引导被管理者的行为，能够灵活、有效地调动被管理者的积极性，同时又能促进组织内部关系趋于经济意义上平等和公正，促进组织内部和谐。运用经济方法具有许多优点，但也需要与其他方法结合，才能有效促进管理目标的实现。

1.1.3.4 教育方法

教育方法是按照一定的目的，以授课、讲座、培训、现场学习、团队建设活动等教育手段，对人施加影响，从而提高受教育者精神文化素养、专业素质的管理方法。教育方法具备启发性、灵活性和长期性的特点，对受教育者产生持久的、潜移默化的影响。

应用教育方法要注意教育内容的系统性和科学性，让被教育者获得真正的知识和技能以及精神文化的提升；另外要注意教育方式，要长期坚持举行内容丰富、灵活多样的教育学习活动，避免急功近利，以期获得最佳的教育效果。

1.1.3.5　技术方法

技术方法是管理者为提高工程管理活动的效率和效果而采用的各种信息技术、决策技术、计划技术、组织技术、控制技术、财务技术等技术手段的总和。技术方法具有客观性、规律性、精确性、动态性的特点，运用技术方法可以提高工程项目管理活动的信息管理水平，提高决策事项的科学性和决策效率，运用一定的职能技术可以提高职能事项的管理效率与效果，同时为组织各种技术创新活动提供良好的氛围。

正确地应用技术方法提高工程项目的管理效率与效果首先应认识到技术方法具有一定的适用范围与局限性，因此必须充分分析技术方法的适用条件，预测使用效果，结合其他管理方法，听取组织内外专家的意见才能充分发挥技术方法的效用。

1.2　工程项目管理的产生与发展

工程项目的存在已有久远的历史。随着人类社会的发展，社会的各方面，如政治、经济、文化、宗教、生活、军事对某些工程产生需要，同时当时社会生产力的发展水平又能实现这些需要，就出现了工程项目。历史上的工程项目最主要的是建筑工程项目，主要包括房屋（如皇宫、庙宇、住宅等）建设，水利（如运河、沟渠等）工程，道路桥梁工程，陵墓工程，军事工程，如城墙、兵站等的建设。

这些工程项目又都是当时社会的政治、军事、经济、宗教、文化活动的一部分，体现着当时社会生产力的发展水平。现存的许多古代建筑，如长城、都江堰水利工程、大运河、故宫等，规模宏大、工艺精湛，至今还发挥着经济和社会效益。

有项目必然有项目管理，在如此复杂的项目中必然有相当高的项目管理水平相配套，否则将难以想象。虽然现在人们从史书上看不到当时项目管理的情景，但可以肯定在这些工程建设中各工程活动之间必然有统筹的安排，必有一套严密的甚至是军事化的组织管理；必有时间（工期）上的安排（计划）和控制；必有费用的计划和核算；有预定的质量要求、质量检查和控制。但是由于当时科学技术水平和人们认识能力的限制，历史上的项目管理是经验型的、不系统的，不可能有现代意义上的项目管理。

项目管理在近年来的发展中，大致经历了如下几个阶段：

20世纪50年代，人们将网络技术（关键路径法CPM和计划评审技术PERT）应用于工程项目（主要是美国的军事工程项目）的工期计划和控制中，取得了很大成功。最重要的是美国1957年的北极星导弹研制和后来的登月计划。

60年代，利用大型计算机进行网络计划的分析计算已经成熟，人们可以用计算机进行工期的计划和控制。但当时计算机不普及，上机费用较高，一般的项目不可能使用计算机进行管理。而且当时有许多人对网络技术还难以接受，所以项目管理尚不十分普及。

70年代初，计算机网络分析程序已十分成熟，人们将信息系统方法引入项目管理中，提出项目管理信息系统。这使人们对网络技术有了更深的理解，扩大了项目管理的研究深度和广度，同时扩大了网络技术的作用和应用范围，在工期计划的基础上实现用计算机进行资源和成本计划、优化和控制。

整个70年代，项目管理的职能在不断扩展，人们对项目管理过程和各种管理职能进行全面系统研究。同时项目管理在企业组织中被推广和应用。

70年代末至80年代初，微机得到了普及。这使项目管理理论和方法的应用走向了更广阔的领域。由于计算机及软件价格降低，数据获得更加方便，计算时间缩短，调整容易，程序与用户友好等优点，使项目管理工作大为简化、效率得到大幅度提升，使寻常的项目管理公司和中小企业在中小型项目中都可以使用现代化的项目管理方法和手段，收到了显著的经济和社会效益。

80年代及以后，人们进一步扩大了项目管理的研究领域，包括合同管理、项目风险管理、项目组织行为和沟通等。在计算机应用上则加强了决策支持系统、专家系统和网络技术应用的研究。

随着社会的进步，市场经济的进一步完善，生产社会化程度的提高，人们对项目的需求也越来越多，而项目的目标、计划、协调和控制也更加复杂，这都促进项目管理理论和方法进一步发展。

1.2.1　工程项目管理的提出

现代项目管理是在20世纪50年代以后发展起来的。它的起因有两方面：

① 由于社会生产力的高速发展，大型及特大型项目越来越多，如航天工程、核武器研究、导弹研制、大型水利工程、交通工程等。项目规模大、技术复杂、参加单位多、受时间和资金严格限制，需要新的管理手段和方法。例如1957年北极星导弹计划的实施项目被分解为6万多项工作，有近4000个承包商参加。现代项目管理手段和方法通常首先是在大型及特大型的项目实施中发展起来的。② 现代科学技术的发展，产生了系统论、信息论、控制论、计算机技术、运筹学、预测技术、决策技术并日益完善，给项目管理理论和方法的发展提供了可能性。

现代社会的发展趋势是社会分工越来越明确，社会生产越来越精细，专业隔离越来越明显；同时工程项目涉及的领域越来越宽，需要协调的资源越来越多，普遍适用的管理理论很难满足工程项目发展的需要，工程项目管理的提出正是基于社会生产力快速发展背景下的生产关系调整，为工程项目的管理活动提供一套系统的方法论。

1.2.2　工程项目管理的定义和内涵

工程项目管理是项目管理的一个重要分支，它是指通过一定的组织形式，用系统工程的观点、理论和方法对工程建设项目生命周期内的所有工作，包括项目建议书、可行性研究、项目决策、设计、设备询价、施工、签证、验收等系统运动过程进行计划、组织、指挥、协调和控制，以达到保证工程质量、缩短工期、提高投资效益的目的。由此可见，工程项目管理是以工程项目目标控制（质量控制、进度控制和投资控制）为核心的管理活动。

1.2.3　工程项目管理的指导思想

（1）市场观念。我国正在建立社会主义市场经济，市场经济是用市场关系管理经济的体制。工程项目是产品，也是商品，它的生产和销售都离不开市场。我们推行的工程项目管理，是市场经济的产物，市场是工程项目管理的环境和条件。没有市场经济，也就没有工程项目管理。因此，进行工程项目管理，应尊重市场经济条件的竞争规律、价值规律和市场运行规则等，让管理领域和管理活动与市场接轨，靠市场取得工程项目管理效益。

（2）用户观念。市场是由实行交换的供需双方构成的，企业是市场的主体，必须以战略的眼光，把握产品的未来和市场的未来，通过市场竞争（投标）获取工程项目，从市场上取得生产要素并进行优化配置，认真履约经营，以质量好、工期合理、造价经济取胜，实施名牌战略，搏击市场风浪。而用户是构成市场的主要一方，建筑业企业要树立一切为了用户的观念，全心全意地为用户服务，把对国家的责任建立在对用户负责的基础上。

（3）效益观念。社会主义企业的效益观念是经济效益与社会效益相统一的综合观念。在经济效益上要注意微观经济效益服从宏观经济效益，而盈利能力是企业生存和发展的重要标志。工程项目是建筑业企业生产经营的主战场，各种生产要素配置的集结地，企业管理工作的基点，获取经济效益的源头。因此，建筑业企业要摆脱长期以来效益低、积累少、资金紧张的困扰，必须切实转变观念，强化成本意识，建立健全项目责任成本集约化管理体系。

（4）时间观念。即把握好决策战机，加快资金周转，讲求资金的时间价值，讲究工作效率和管理效率，从而赢得时间，赢得效益。

（5）人才观念。在新的经济时期，知识日益成为决定企业生存和发展的重要资源。人作为知识的主人、企业知识资源的驾驭者，人的主动性、积极性和创造性调动和发挥的程度将最终决定着企业的命运。中国加入世界贸易组织以后，我国建筑业企业面临来自境外企业更加强劲的挑战。人才是企业的生命，企业的竞争从根本上来说是人才的竞争。企业管理人才的素质是关系企业管理效率的关键因素。对于建筑业企业来说，这里的人才不仅指那些懂建筑市场经营、施工技术，熟悉国际建筑条款的优秀人才，而且还包括那些熟悉建筑成本核算、施工现场管理甚至思想政治方面的人才。一个有竞争力的、可持续发展的企业必须拥有各种类型的高素质人才。因此，建筑业企业要建立起一整套有利于人才培养和使用的激励机制，知人善任、任人唯贤，为人才提供一个充分展示自己的舞台，营造有利于人才发挥作用、优秀人才脱颖而出的内部环境，高度重视对工人、技术工人的培训，夯实技术进步基础，提供人才学习和成长的机会，从而提高企业的凝聚力，增强企业的竞争实力。

（6）诚信观念。诚信是市场经济制度下的一项内功，在以往的发展历程中，我国企业在这方面的建设还存在一定的偏差。今后在全球化信息社会里，诚信是作为社会细胞的人和作为社会组织的企业的生存之道，需要着力打造，谁不守诚信，谁就将无立锥之地。建筑业企业在市场经济条件下，要勇于承认自己是承包人，从"完成任务的工具"向承包商转变，不断提高商业信誉，这是企业的无形资产，没有诚信就不能在市场竞争中取胜。因此，建筑业企业要把产品质量和服务水平，把良好的企业形象和信誉，视为企业在激烈竞争中求得生存、赢得优势的关键，具体体现在对合同、建筑质量、工期和伙伴关系的重视。

（7）创新观念。没有不变的项目管理模式，要根据工程和环境的变化进行调整和变革，讲预测，有对策。赢得竞争胜利的关键在于创新，广泛采用新工艺、新技术、新材料、新设备、新的管理组织、新的管理方法和手段。

1.2.4 国际工程项目管理的发展与现状

1.2.4.1 国际工程项目管理的发展

（1）全球化发展。当今社会处于知识经济时代，知识与经济的全球化是该时代的一大特点。由于竞争的需要和信息技术的支撑，项目管理的全球化得以快速发展。数目日渐增多的跨国公司和跨国项目，并且绝大多数项目都通过国际招标、咨询等方式运作。随着国际合作与交流日益频繁，国际合作项目日益增多，各项目参与方的国际化使国际工程项目管理上升到知识经济的高度，成为高知识、高技能的国际化专业项目管理活动，使各国的项目管理方法、文化与观念均得到了交流与沟通，使项目管理的国际化、全球化成为趋势和潮流，故加剧了国际工程项目中竞争主体的强大化、竞争领域的扩大化和竞争程度的尖锐化。

（2）复杂化发展。全球市场的投资者主体结构发生剧烈变化，国际工程项目的承包和发包方式也在产生重大变革。由于不断增加的国际直接投资及不断变化的投资主体结构，项目的技术含量也越来越高。随着国际承包商管理大型项目的能力不断提高，国际工程项目逐渐大型化和复杂化。由于传统国际工程承包日益激烈的市场竞争，风险增加，利润减少，为追求更高的利润，国际上的大型承包商已经开始从单纯的承包商角色转变为开发商角色，从项目承包向投资或带资承包转变，并将主要投资业务集中在项目运作等利润丰厚的高端产业链。高端的带资承包或特许融资项目、咨询、建设、运营与技术承包等新兴承包方式发展迅速，如设计—采购—施工（EPC）、项目管理总承包（PMC）、开发—设计—建设（DDB）、设计—建设—设施经营（BFM）、融资—采购—设计—建设—设施经营（PDBFM）、建设—经营—转让（BOT）、公共部门与私人企业合作模式（PPP/PFI）等带资承包方式，设计—施工平行管理（CM）承包模式等包含特许融资项目、咨询、建设、运营与技术承包的新兴承包方式和承包业务发展迅速，在国际大型工程项目中广泛应用。另外，承包市场包含建筑、电力、水坝、矿山、冶金、石化和通信等行业，涉及项目全过程、全方位服务的诸多领域，成为国际投资和国际贸易的综合载体。

（3）专业学科化发展。国际工程项目管理的知识体系在不断完善与发展。国际工程项目管理的专业化学科教育包含了学历教育与非学历教育。学历教育即学士、硕士与博士的教育，而非学历教育则包含了基层项目管理人员到高层项目经理之间形成的层次化的教育培训体系。在全球范围内，国际工程项目管理的专业资质认证在管理组织的积极推行下日益普及。

在项目管理领域流行三个知识体系：

1）PMBOK（Project Management Body of Knowledge），由美国项目管理协会（PMI）开发，该项目管理知识体系较为全面，在国际上有很高的权威性。由PMI推出的PMP项目管理资格认证已经成为一个国际性的认证标准。目前，PMP在全球120个国家或地区以16种语言设立了分支机构并组织认证考试。

2）国际项目管理资质标准（ICB）知识体系，由国际项目管理协会（IPMA）根据国际能力基线建立，通过对项目管理人员的必备知识、经验与能力水平进行综合评估，在全球推行国际项目管理专业资质认证IPMP（International Project Management Professional）。ICB支持英语、德语和法语三种语言。IPMA每两年会在其成员国召开国际项目管理会议，以促进项目管理的国际化。

3）受控环境下的项目管理知识体系PRINCE2（Projects In Controlled Environments），由英国商务部（OGC）开发，PRNCE2完全基于业务实例（Business Case）流程开发，为各领域的项目管理提供实践指导。目前，国际上的很多企业都广泛应用PRINCE2，特别是英国和欧洲的企业。

虽然这三个项目管理知识体系存在不少共同点，但其区别也十分显著。比如在表达方式上的巨大差异。三个知识体系使用的术语存在差别，PMBOK较为全面，包含了所有的项目管理知识范围；而ICB内容丰富，重点在于项目经理的能力基准；而PRINCE2以项目生命周期为基础，注重于项目的实际操作与指导。虽然PMBOK、ICB和PRINCE2是不同的国际项目管理标准体系，但这三者高度兼容，标准保持高度一致并相互补充，在国际工程项目管理的实践中均得以广泛使用。

（4）集成化和精益化发展。项目管理集成化是将项目的人、财、物、信息和技术等资源作为管理要素进行系统整合，实现项目管理效益的最大化，通过局域网、互联网，甚至卫星等现代化的通信手段，将建设工程的全过程集成起来，形成一套完整的工程项目全过程管理（协同设计、招标、投标、采购、索赔、合同、项目、行业和政府管理等）。项目管理集成化有助于提高项目管理公司或项目承包公司的核心竞争力。随着全球经济的快速发展和项目管理的专业化发展，集成化已成为国际工程项目管理的发展趋势。项目管理的集成化，不仅是指项目全寿命期的集成管理，还包括项目工期、造价、质量、安全、环境等要素的集成管理，即项目组织管理体系的一体化：纵向管理集成—项目全寿命期管理；横向管理集成—项目全要素成本管理；管理环境集成—全面一体化管理。

项目管理的精益化是一种先进的管理文化和管理方式，运用程序化、标准化和数据化的手段，使组织管理各单元精确、高效、协同且持续运行。精益化管理理论已经被越来越多的项目管理者所认可与采纳。

（5）信息化和可视化发展。随着网络时代和知识经济时代的到来，欧美发达国家的一些工程公司和咨询公司已将计算机网络技术应用于项目管理中，实现项目管理的网络化和虚拟化。借助有效的信息技术将规划管理中的战略协调、运作管理中的变更管理、商业环境中的客户关系管理等与项目管理的核心内容（造价/成本、质量/安全、进度/工期控制）结合，将项目管理的各个子系统集成：业主方的项目管理（Project Management of the Owner，OPM）、设计方的项目管理（Project Management of the Designer，DPM）、承包方的项目管理（Project Management of the Constructor，CPM）、供货方的项目管理（Project Management of the Supplier，SPM），建立基于互联网的项目管理集成化信息系统。通过统一的接口进行信息传输，建立以业主方的项目管理（OPM）为主导的与工程项目参建各方统一的项目信息平台，不但能促进项目各阶段的集成化管理，还有助于项目信息流的扁平化，促进业主与工程项目参建各方的协同工作，提高工程项目管理水平和企业核心竞争力。

1.2.4.2　国际工程项目管理现状

（1）专业技术体系逐渐深化。随着高新技术的发展使国际工程项目承包及相关产业的科技含量不断增长，高附加值的工程项目越来越多，信息技术的广泛应用使国际工程管理技术水平日益提高，科技含量和专业化核心竞争力已经成为国际工程承包市场竞争的新杠杆。欧美知名大承包商，其竞争的技术优势主要源于其具有某个领域的核心专长和多年的工程承包经验，具有以核心技术或以核心专长为中心的专业整合能力，并以此为契机涉足与核心技术和核心专长相关的领域，从而为企业不断开拓新的业务和整合新的资源。

欧美发达国家的大型承包商在技术专利、融资能力、管理水平等方面占有明显优势，所以在经济全球化过程中占据主导地位，在技术和资源密集型项目上已形成相对垄断，通过集中核心业务，大量投入研发新技术，积极创新，加快了向知识密集型和技术密集型项目的渗透，从而制造业务机会并占据了很大的国际工程承包市场份额。

（2）国际工程承包商之间的联合与并购加剧。国际承发包方式的变化使得承包商的角色和作用都在发生变化，承包商不仅要成为项目管理服务的提供者，而且要成为项目的投资者和资本的运营者，尤其在对大型和超大型项目的运作方面，一般承包商都很难独立承担。同时，为了追求更高的利润，进入建筑运营以及提供一站式服务的业务模式得到了高额利润的回报。世界大型承包商通过兼并收购、重组、成立项目联合体或者战略联盟等方式进入目标国家，包括对竞争对手的横向并购，对产业链上的纵向并购，以及不同领域的综合并购全面推进全球化扩张，利用大量的兼并收购行为，快速进入多个国家多个领域，实现业务多元化和地区多元化，扩大规模并提高竞争力。例如德国 Hochtief 收购澳大利亚建筑市场规模最大的公司——雷顿集团（Leighton Group）和收购美国建筑市场规模最大的公司之一——特纳公司（Turner Corporation）。

（3）核心业务多元化。随着国际工程承包的行业变迁，越来越多的业主需要承包商提供项目全寿命周期的管理服务，为了降低项目全寿命周期成本、缩短项目建设工期和减少项目投资风险，资金实力雄厚、综合经营能力强的国际大型承包商通过为客户提供一站式服务，拓展自身的经营业务，积极推进核心业务的多元化和一体化发展，这些国际大型承包商在承担更多承包风险的同时，增加了获得更大利润的机会，赢得了工程服务市场的先机，占据了更多的市场份额。如全球最大的国际工程承包商德国 Hochtief 公司经过 135 年的发展，随着市场的需求多元化，通过并购拓展市场公司业务规模和业务范围，业务由单一向多元化发展，而且业务多元化都是基于核心业务开展的下游业务拓展。

（4）融资能力成为承揽国际工程项目的关键因素。由于国际直接投资的增加、业主结构的变化，以及国际工程项目投资来源的多样化和承发包方式的变化，一些国际大承包商已经开始从单纯的承包商角色越来越多地向开发商角色转变，成为工程项目的投资者和资本的运营者，使带资承包等成为普遍现象，项目融资能力已经成为承揽工程承包业务的关键因素，项目融资呈现出不可阻挡的发展势头，使得建设—经营—转让（BOT/BT）、公共部门与私人企业合作模式（PPP/PFI）等特许融资项目成为国际大型工程项目广为采用的模式。发展中国家承包商由于资金实力和综合经营实力因素，难于突破原有的经营方式，融资能力逐渐成为进入国际工程高端项目市场的主要障碍。

特许项目经营和多元化战略是国际工程承包商获得强大而又稳定融资能力的有效途径。国际工程承包商依托自身的工程优势，通过特许经营参股控股进入基础设施、公共服务事业、能源开发或商业项目，如收费公路、经营性机场、城市水务、污水处理、水电开发、大型经营性商业地产等，从而为国际工程承包业务提供可靠而稳定的现金流。

1.2.5　我国工程项目管理的发展历程

（1）计划经济时期。我国施工企业是按部门和地区建立和发展起来的。纵向上有国务院各部门直属企业，省市自治区直属企业，地市、区、县直属企业，大型厂矿直属企业。从横向上看，有建工系统、石油系统、电力系统、煤炭系统、农林系统、化工系统等。系统内承包工程为内包服务，跨系统承包工程称外包服务。所有工程项目虽由不同系统、不同地区、各级政府分别负责，但实际上国家才是真正的业主，所有施工企业只为国家服务，没有明确的甲方或乙方的关系，实际上是上级与下级的关系。因此，"一五"时期实行承发包制，甲乙双方签订承发包合同，各自履行规定的责任、权利与义务，共同对国家负责，施工企业利润全部上交，盈亏由国家统一负责。

此期间项目管理的特点为：国家是唯一的投资主体，施工企业为国家服务，按照国家统一安排；任务由国家分配，建筑材料由国家统一供给，企业的人员按国家计划录用，企业的一切由国家包揽，不必考虑企业的长远发展；项目管理主要以施工定额、劳动定额及施工计划为考核依据，但由于职工是固定的，任务的不确定性较大，以政治动员统帅生产，任务高峰时抢工期，任务较少时又人浮于事。总体上看，工程成本控制的效果难落实，生产效率不高，项目管理的整体水平偏低。

但是，企业以国家意志为指导，克服一切困难，在施工条件极其艰苦或根本不具备施工条件的偏远地区，开展一系列重大工程建设，为新中国急需的基础设施及工业设施奠定了基础。从这个意义上讲，施工企业还是为国家的发展做出了巨大贡献，特别是培养了一批优秀的管理及技术人才，形成了企业敢拼敢干的开拓精神。

（2）20世纪80年代。高度集中的计划经济体制，虽然带来了较高的行政效率，但在资源的总体利用方面效率偏低。计划经济的30年，国家多次大规模调整施工队伍的结构，希望保持施工队伍的活力。企业吃国家的大锅饭，职工吃企业的大锅饭，效率低下的状况，促使国家在20世纪80年代初期，推行国有企业经营体制的改革。另外，由于国家改革开放，投资主体多元化，迎来了新的市场机会，企业坐等国家分配任务的局面逐步改变。

在此期间，因鲁布革电站施工管理的冲击，使全国施工行业推广项目法施工轰轰烈烈地开展起来。针对计划经济条件下施工企业形成的前方后方不分、管理与作业不分的混合效率低下的作坊式体制，强调企业以经营为中心，基础固定，生活保障设施与施工生产逐步分开，前方与后方分开，管理层与作业层两层分离，着重于提高现场施工的效率。

此期间的项目管理主要是强调企业要转变经营机制，将管理层与作业层分离，强调项目经理的独立作用，鼓励企业授予项目经理更大的自主权，调动项目管理层的积极性，淘汰年龄老化、生产积极性不高的自有工人队伍，引进服从管理、就业灵活的农民工队伍。强调两层分离是此时期项目管理的主要特点。

（3）20世纪90年代。改革开放以来，全国经济建设掀起新的热潮。各个行业蓬勃发展，特别是民营企业纷纷走上前台，"国退民进"的争论响彻整个经济界。国有企业的管理方式、管理机制、管理效果与新生的民营企业相比，劣势十分明显。民营企业的优势在于企业没有包袱、管理层精干、作业层勤恳、经营手段灵活、企业管理漏洞较少、项目管理效益一般较高。在此期间，随着国家逐步推行项目经理责任制，项目经理作为一个独立的职业角色取得合法地位，并逐步发挥重要作用。

以项目经济承包，通过承包兑现，调动项目管理层的积极性成为一个主要的项目管理方式。项目经理的承包是一种以项目成本管理为核心的经济承包，项目完成企业确定的计划成本目标，就可以取得基本奖，实现超额利润则与企业就超成本降低进行分成，引导项目经理开展以成本为导向的项目管理，并着重于强化成本的计划、过程及完工结算全过程的成本控制。

但是由于市场机制不健全，管理手段不完善，特别是大量的项目经理部因远离企业本部或分支机构设有财务账号，项目经理部有单独的财务支配权，有些项目经理部成为"独立王国"，经济活动很难受到正常控制。在取得显著成效的同时，也产生了许多因项目经理权限过大、监督不到位产生的种种不良问题。但总的来看，项目管理已经被行业充分认可，项目承包管理制度不断完善，企业对项目管理的认识不断深入。

（4）2000 年以来。随着信息技术的发展，项目管理的方式真正向集约化、精细化方向发展，企业通过资金集中控制、材料集中采购、分包集中招标等方式，改进项目管理粗放的现象，堵塞项目管理中的漏洞。项目管理中个人承包、集体承包逐步规范，企业与项目经理部的职权划分更科学，项目管理的成效在行业内呈现两极分化。

因此，项目管理的现代化、系统化、标准化、精细化发展成为大势所趋。在项目管理的具体操作上，主要表现出几个方面的特点：① 法人管项目的体制被企业普遍认可。所谓的法人管项目主要是企业在承担项目法律责任的同时，将项目资金、材料采购、分包、机械、人员等生产资源集中到法人层面进行统一管理，尽量发挥资源的利用效率。② 在项目管理模式上，挂靠、联营、转包等风险较大的方式逐步减少，企业自营的比例不断提高，分包管理越来越细。③ 在项目的具体管理方法上，强调成本控制、过程精品、文明施工"三位一体"的控制体系，以成本目标、质量目标、安全生产目标、环保控制目标、工期控制目标五项指标为项目绩效考核的关键，通过必要的风险抵押、过程考核、效能监察、竣工审计等手段加强对项目的实际监控，杜绝以包带管。④ 项目管理信息系统的应用日渐成熟。远程监控、网上办公、视频会议评审、讨论、决策完全满足日常使用要求，推动了管理成本的节约，提高了项目的管理效率。

1.3　工程项目管理经典理论

随着社会生产力的发展，各国对工程项目管理过程的规范化，工程项目管理逐渐形成系统的管理理论。目前受国外先进工程项目管理理论、技术的影响，我国的工程项目管理理念不断提升、管理方法不断创新、管理水平日益提高。

1.3.1　工程项目管理优化理论

在现代工程项目管理的优化问题中，通常有工期、成本、质量三个重要目标需要进行优化。与单目标优化问题相比，多目标优化更加复杂，它需要同时优化多个目标。

1.3.1.1　工程项目多目标优化管理的必要性和可行性

一般来说，在工程项目管理过程中，目标冲突的情况日益明显，同一目标在不同项目环境以及不同阶段可能会呈现不同的性质，处理冲突的方式也往往不同，因此采取多目标优化的管理方法使工程项目中的冲突问题趋于协调和协同。

对一个大型的工程项目而言，其实质就是一个系统，能否发挥协同效应是由系统内部子系统决定的。协同得好，系统整体性能就好；协同得不好，系统整体性能就差。此外，随着工程项目设计越来越复杂、规模越来越大，为了能够保证项目信息的沟通顺畅，多目标优化管理思想的引入已是现代工程项目发展的趋势。

1.3.1.2　工程项目多目标优化管理的基本思想

现代工程项目建设通常处于一种不断变化和不确定性的自然条件、社会环境中。因此，工程项目管理是一种管理目标集成化、管理过程动态化的管理活动。项目管理以控制工期、降低成本、保证质量及保证施工安全为主要控制目标。

工程项目实践中的多目标优化问题是指人们开展某一项目时，希望该项目既满足当前的约束条件又能同时实现多个目标（工期、成本、质量等）。一般地，

一个项目管理的多目标优化问题可以定义为

$$\max F(x) = \max(f_1(x), f_2(x), \cdots, f_k(x)) \qquad (1-1)$$

$$\text{s.t. } g_i(x) = 0, \quad i = 1, 2, \cdots, m, \quad x \in \boldsymbol{\Omega} \qquad (1-2)$$

多目标优化问题的解是使目标函数 $F(x) \in R^k$（R^k 是目标函数空间，$k \geqslant 1$）中的各个分量取得最大值的决策变量。其中，x 是决策空间 $\boldsymbol{\Omega} \in R^k$ 的 n 维决策变量。项目多目标优化问题由 n 项决策变量、m 项约束条件及 k 项目标函数组成，目标函数可以是线性的，也可以是非线性的，在项目优化中一般表示为线性。

1.3.1.3　工程项目多目标优化管理的量化分析

项目的工期、成本、质量是项目管理中所要考虑的重要目标，然而这三个因素之间又有着十分复杂的关联性，彼此互相相关和互相制约，从而影响整个项目的目标实现。对于工期、成本、质量的三维关系分析如下。

成本—工期：缩短工期通常要增加投资，成本提高；缩短工期提前竣工往往会增加收入，提高投资效益。

工期—质量：缩短工期可能会影响质量；严格的质量控制，则可以避免返工。

质量—成本：高质量可能要增加成本；严格控制质量，则可以减少材料费、人工费、机械使用费及经常性的维护费等损失，可以延长工程使用年限，提高投资效益。

工期、成本、质量的三维关系分析，如图 1-1 所示。

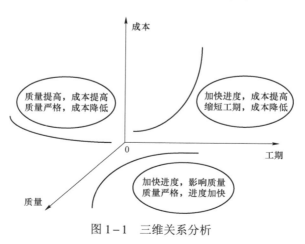

图 1-1　三维关系分析

一般来说，工程质量很高的项目，在工期和成本上必然要达到最优；如果要求缩短工期，在成本和质量上必定有所牺牲。同理，如果要压低项目成本，则工期和质量不可能达到最佳。因此只有同时考虑工期、成本、质量，即实现多个目标的均衡优化、控制各种因素，才能实现有效控制与成功管理。

1.3.2　工程项目管理价值链理论

企业的价值创造是通过一系列企业活动构成的，这些活动可分为基本活动和辅助活动两类，基本活动包括内部后勤、生产作业、外部后勤、市场营销、服务等；而辅助活动则由采购、人力资源管理、基础设施等组成。这些相互影响、相互关联的生产经营活动，构成了一个创造价值的动态过程，即为价值链。

1.3.2.1　价值链应用于工程项目管理的必要性和可行性

（1）价值链应用于工程项目管理的必要性。工程项目建设与一般企业的生产经营活动的区别决定了价值链应用于工程项目管理的必要性，主要表现在：

1）工程项目具有明确的目标与约束条件，有时间限制、资金限制、经济性等要求；

2）工程项目具有多样性、稳定性的特点。用户需求的个性化及建设项目特殊的功能、用途，决定了项目建设的多样性、稳定性、体积庞大等特点；

3）工程项目具有一次性。任何工程项目作为总体来说都是一次性的，都要经历前期计划、方案设计、施工运营、竣工验收的全过程。

（2）价值链应用于工程项目管理的可行性。

虽然工程项目的管理过程与企业生产经营活动的过程有些不同，但项目建设与企业的生产经营有十分重要的相同点：

1）与企业的产品生产周期类似，项目建设有时间要求，也需要一个项目施工与运营时期；

2）产品生产和项目建设都有实物流动、资金流动、信息流动等过程；

3）项目建设与生产经营的过程中都涉及原材料采购、人力资源管理、成本管理、质量控制等各个方面。

与一般行业价值链的分析方法与构成相比，工程项目管理的显著特点是项目完成过程就是实现项目目标的过程。并且这些目标由业主直接确定，不同于商品是由市场决定需求、由企业进行生产。

1.3.2.2　工程项目管理价值链理论的基本思想

（1）工程项目管理基本价值活动。要明确工程项目管理的价值活动，通常先要明确项目建设的整个生命周期的阶段。一般来说，工程项目建设的生命周期可以分为决策阶段、实施阶段、运营阶段。随着项目管理施工时间的深入，其生命周期可以不断向前延伸和向后拓展。但每个阶段不是相互孤立的，而是相互作用、彼此影响的。通常，工程项目的基本价值链可分为项目启动、项目规划、项目实施、项目收尾、项目运行，整个工程项目基本价值活动过程如表 1 - 1 所示。

表 1 - 1　　　　　　　　工程项目基本价值活动

序号	项目阶段	内容	可交付成果
1	项目启动	（1）项目筛选 （2）项目确立 （3）项目评估 （4）项目决策	（1）提出项目建议书 （2）提出可行性研究报告
2	项目规划	（1）项目选址 （2）初步设计 （3）施工图设计 （4）项目组织计划与设计	（1）下达计划任务书 （2）完成初步设计方案 （3）完成施工图设计 （4）列出项目建设计划
3	项目实施	（1）项目招投标 （2）项目施工前准备 （3）设备材料供应 （4）项目施工	（1）发布招标书 （2）签订项目承包合同 （3）图纸交付施工单位 （4）下达项目施工许可证
4	项目收尾	（1）竣工验收 （2）交付使用	（1）通过竣工验收 （2）配套设施竣工 （3）项目移交业主
5	项目运行	（1）项目维护 （2）项目报废	项目正常运行

（2）工程项目管理辅助价值活动。根据项目管理价值链理论的基本思想，可将工程项目管理的辅助价值活动分为项目时间管理、项目成本管理、项目质量管理、项目风险管理、项目人力资源管理、项目采购管理、项目信息管理，整个工程项目辅助价值活动过程如表 1 - 2 所示。

表 1－2   工程项目辅助价值活动

序号	项目阶段	内　容	直接活动	价值流
1	项目时间管理	保证项目按照规定的时间完成所需实施的各项过程	（1）工期计划 （2）工作分解与定义 （3）工作排序 （4）工作时间估算 （5）进度制定 （6）进度控制	时间价值流
2	项目成本管理	保证项目按照规定的预算完成所需实施的各项过程	（1）资源规划 （2）成本预算 （3）成本控制	成本价值流
3	项目质量管理	保证项目达到既定质量要求所需实施的各项过程	（1）质量规划 （2）质量保证 （3）质量控制	质量价值流
4	项目风险管理	包括与项目风险识别、评估分析以及所采取措施的各项过程	（1）风险管理规划 （2）风险识别 （3）风险定性分析 （4）风险定量分析 （5）风险应对规划 （6）风险监测与控制	风险价值流
5	项目人力资源管理	包括有效使用参与项目的人员而应采取的各项过程	（1）采购规划 （2）供应商选择 （3）合同签订 （4）货物入库、使用	人力资源价值流
6	项目采购管理	包括从项目实施之外取得货物和服务所需进行的各项过程	（1）员工招募 （2）组织结构的选择与建立 （3）项目经理的选任 （4）员工上岗培训	采购价值流
7	项目信息管理	包括为保证项目信息及时与恰当的厂商传播、存储所需实施的各项过程	（1）计算机基础工程 （2）项目管理信息系统 （3）信息收集与加工 （4）信息沟通	信息价值流

　　工程项目管理的辅助价值活动不只是上述几点，但由此分析得出，工程项目价值链系统由工程项目全生命周期的各项活动所构成。

　　1.3.2.3　工程项目管理价值链的模型和量化分析

　　（1）工程项目管理的价值链模型。对企业价值链来说，企业的一切活动都应当视为一项基本的或者辅助的活动。对于价值活动的分类没有明确要求，一般选择便于企业理解的分类方式。此外，价值链中的各种价值活动并不是孤立的，普遍存在着横向或纵向的联系。企业还可以根据实际情况分析这类联系，从而更加精确、高效地整合资源，发掘潜在竞争优势。

　　工程项目管理价值主要通过达到项目的建设目标来实现。实现工程项目的目标后才能带来项目的收益，即实现项目价值。所以，对一个项目整体而言，项目最终价值的实现必须以实现项目的目标为前提。在此基础上才能考虑项目的利润问题。所提建设工程项目价值链模型如图1-2所示。

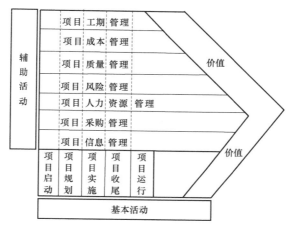

图1-2 建设工程项目价值链模型

（2）工程项目管理的价值链的量化分析。工程项目价值链模型的作用是通过实施一系列的价值活动，实现工程项目管理目标。在实际分析过程中，可以运用工作分解法对各项基本活动做进一步划分。而辅助活动实质上可以看作是工程项目的目标因素，在资源与条件上对项目进行约束，实现对工程项目目标的支撑作用。

根据前述的工程项目价值链模型，对项目管理价值链进行量化分析的基本思路如下：

（1）建立工程项目价值链的目标体系；

（2）对工程项目价值链的基本活动进行工作分解，对各单项工作目标进行参数估计；

（3）根据已建立的目标体系和多属性效用函数理论，建立单项工作的多属性效用函数；

（4）建立单项工作各项目标相应的目标效用函数，代入多属性效用函数，对单项工作的多属性效用函数进行优化求解与分析。

通常工程项目管理的目标体系是由多个目标合成的，各目标之间相互影响、相互约束。因此对目标体系中各项目标之间的均衡优化分析就显得非常重要，所以在进行量化分析时要着重关注目标体系的建立。

1.3.3 工程项目集成化管理理论

随着我国工程项目建设竞争的加剧，项目运营中的不确定性越来越高，单方企业的能力与资源已不足以满足日益复杂的项目需求，迫切需要业主与各参与方之间建立起良好的合作关系。因此，如何有效激发项目参与方的力量，对项目实施的全过程进行集成化的管理；如何提高项目执行的效率，利用现有资源向业主提供价值最大化的项目产品已成为现代工程项目管理理论发展的新趋势。

1.3.3.1 工程项目集成化管理的必要性和可行性

（1）工程项目集成化管理的必要性。

1）工程项目的市场发展趋势有了很大变化。随着工程项目的规模逐渐增大，要求的功能也日益复杂和先进，其主要表现在：① 工程项目复杂性不断增加；② 建设的价值观念发生了变化；③ 要求工期短、质量高；④ 争议解决方式的变化。

2）传统的项目管理理论将不足以适应现代项目管理市场发展的要求。当前的工程项目管理理论面临以下问题：① 大多数理论仅停留在对工程项目管理过程中具体的某项阶段或作业的管理；② 项目管理中的各要素是相互联系的，任何一方发生变化都会引发其他方面相应的变化；③ 传统的商业模式和商业关系的深刻变化，使原先相互对抗的商业关系逐步被合作共赢的新型商业关系所取代。

3）独立的、阶段化的项目管理方式造成了工程管理实践中的"舍本逐末"现象。由于工程项目的复杂性和各阶段之间缺乏有效协调，在项目运营过程中可能会发生意外事件。

（2）工程项目集成化管理的可行性。工程项目集成化管理是一种通用的新型的管理模式。尽管不同的工程项目可能在投资、规模、结构等方面存在较大差异，但它们在下列方面却有相同之处：

1）各工程项目都是一个统一的整体，各参与方之间必须进行紧密联系与合作；

2）各工程项目都包括审批、设计、施工、验收等相互关联和制约的过程，这些过程同时也是信息收集、存储、传递、加工的过程；

3）各工程项目必须在满足设计功能的前提下，使项目的工期、成本和质量达到优化。

工程项目具有的共同特征是项目集成化管理实施的一个重要前提条件，这些共同特征保证了集成化管理在工程项目应用领域的通用性。

1.3.3.2 工程项目集成化管理的基本思想

工程项目集成化管理就是以集成化思想为核心，应用系统工程、管理学等原理综合考虑项目施工全过程的动态关系及项目管理中的各要素相互关系，为优化各参与方的协调关系所采用的一种基于现代信息技术的项目管理模式，以实现项目各阶段的项目有效衔接、资源合理利用，从而达到项目收益最大化。

工程项目集成化管理的优点有：

（1）集成化管理将有力保障工程项目目标的实现，使业主的需求得到最大限度的满足；

（2）集成化管理将对工程项目实施进行整体优化，充分发挥参与方的作用；在保证项目顺利完工的同时，最大限度地确保各参与方的获利；

（3）集成化管理将提高项目运营的效率，保证了计划和设计的可靠性和最优性，缩短了工期；

（4）集成化管理有助于质量的提高和工期的缩短，减少了变更和返工事项的发生，降低了项目的成本费用。

在工程项目建设中采用集成化管理可以加快工程项目的施工进度，保障项目质量；可以降低工程项目的成本，优化有限资源的利用效益，节约大量的建设资金。工程项目集成化管理的推广将导致各企业管理理念和管理方式的变革，改善企业的组织结构和管理水平；也将导致工程建设业中各企业间的关系发生变革，改善行业结构，进而对整个行业产生深远的影响。

1.3.3.3 工程项目集成化管理的模型和量化分析

（1）工程项目集成化管理模型。由图1-3所示，工程项目集成化管理要由管理要素集成、全生命周期集成和外部集成三个子集成系统组成。三种集成的含义分别如下：

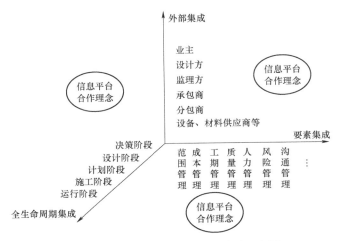

图 1-3　工程项目集成化管理模型示意图

管理要素集成包含的因素主要有工期、质量、成本、安全、人力资源、沟通、风险等方面。项目的管理要素集成是以实现项目的目标为目的，对这些要素进行综合分析与权衡。

全生命周期集成即工程项目整个生命周期的各阶段的集成，利用信息技术实现信息准确地传递到项目各阶段，确保项目作为一个整体进行管理。

外部集成包含业主、技术专家、设计方、监理方、承包商、设备及原材料提供企业等。外部集成是在保证各方有效参与、信息充分的前提下，寻找最优的施工方案以实现项目价值。

（2）工程项目集成化管理的实施要求分析。

工程项目集成化管理不是一个独立的管理体系，它需要合作理念作为指导思想，信息平台作为实施的物理条件，合适的项目组织作为实施的组织基础。

1）合作理念是项目集成化管理的指导思想。实施项目集成化管理不仅是技术的应用，也是工程项目管理理念、管理模式的彻底变革，而集成化管理作为一种新型项目管理模式，其推广和实施是以合作的理念为基础的。

2）有效的信息平台是支持项目集成化管理实施的物理条件。工程项目的组织结构存在着复杂的信息依赖关系，只有进行充分的信息交流才能真正实现战略规划，满足业主的需求。在工程项目集成化管理中，信息系统是项目经理进行项目集成化管理的工具。

3）项目集成的组织基础。项目组织是由多种知识和技术构成的集体，项目成员拥有各自的知识和技能，在组织内部，他们有很强的相互依赖性，彼此工作时通常需要其他成员提供必要的信息。

1.4 现代工程项目管理体系

1.4.1 现代工程项目管理架构和流程

1.4.1.1 现代工程项目管理架构

企业管理架构就是企业的组织架构，是一种决策权的划分体系以及各部门的分工协作体系。具体来说，管理架构需要根据企业的总体目标，将企业的各要素配置在一定的方位上，确定其活动条件，规定其活动范围，形成相对稳定的科学管理体系。

通常，一个大型工程项目应涉及以下相关项目关系方：

（1）项目经理。项目经理是为项目提供资源和支持的个人或团体，负责项目的全过程。从提出初始概念到项目收尾，项目经理一直都在推动项目的进展，保证项目的交付成果能够顺利移交给相关组织。

（2）职能经理。职能经理是在行政或职能领域（如采购、质量控制、施工或财务）承担管理角色的重要人物。其配有部门成员，以开展持续性工作；他们对所辖职能领域中的任务有明确的指挥权。

（3）技术专家。技术专家为项目管理决策的制定或执行提供支撑，如采购、财务、物流、法律、安全、工程建设、质量控制等方面的咨询。

（4）项目职能部门。项目职能部门是受项目团队活动影响的内部关系人。如采购、营销、技术、财务、运营、施工管理和业主服务等业务部门。

（5）项目专业人员。开展具体工程项目活动的部门成员，如进度规划、预算评估、质量控制、沟通管理、风险识别、行政类支持的部门员工。

（6）关联伙伴。与本企业存在某种特定关系，这种关系可能是通过某个认证过程建立的。如业主方、监理方、施工方、承包商及供应商等。

一般来说，典型的大型工程项目管理架构如图1-4所示。

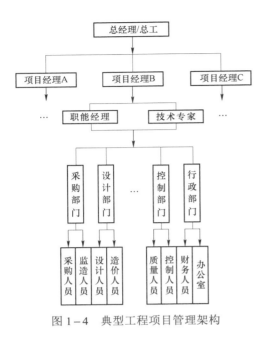

图1-4 典型工程项目管理架构

1.4.1.2 现代工程项目管理流程

工程项目管理流程是指项目建设管理活动中一系列相互关联的序列结构，它反映了在项目目标的导向下，这些活动的先后顺序、承转关系，制约、推进和循环的输入和输出规律。项目管理是对整个工程项目系统进行管理，运用管理理论和系统工程的方法，从整体上深入分析、解决工程项目建设中的各类问题，制定规范化的项目管理工作流程，将项目的参与方及各阶段融合成一个有序的整体，实现工程建设项目的高效益。一般来说，现代工程项目管理流程可分为五个阶段（见图1-5）：

（1）启动阶段。定义一个新项目或现有项目的一个新阶段，授权开始该项目或阶段的过程。

（2）规划阶段。明确项目范围，优化目标，为实现目标制定行动方案的过程。

（3）执行阶段。完成项目管理计划中确定的工作，以满足项目规范要求的过程。

（4）监督阶段。跟踪、审查和调整项目进展与绩效，识别必要的计划变更并启动相应变更的过程。

（5）收尾阶段。完结所有过程组的所有活动，正式结束项目或阶段的过程。

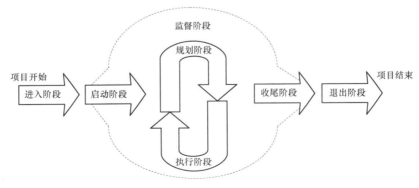

图1-5 工程项目管理流程的五个阶段

如图 1-5 所示，工程项目管理流程的五个阶段相互作用、互相影响，通过将某项管理工作分解为各个管理活动，并区分具有不同性质或特点的工序，根据管理科学原理在此基础上确定的工程项目的完成过程，保证了各专业工程实施和各部门之间有利的、合理的协调。

1.4.2 现代工程项目管理范围

现代工程项目管理范围包括确保项目做且只做所需的全部工作，以成功完成项目的各个过程。项目管理范围主要在于定义和控制哪些工作应该包括在项目内，哪些不应该包括在项目内。确定工程项目管理范围，一般包括以下五个过程（见图 1-6）：

（1）规划范围管理——创建范围管理计划，并书面描述如何定义、确认和控制项目范围的过程。

（2）定义范围——制定项目和产品详细描述的过程。

（3）创建 WBS——将项目可交付成果和项目工作分解为较小的、更易于管理的组件的过程。

（4）确认范围——正式验收已完成的项目可交付成果的过程。

（5）控制范围——监督项目和产品的范围状态，管理范围基准变更的过程。

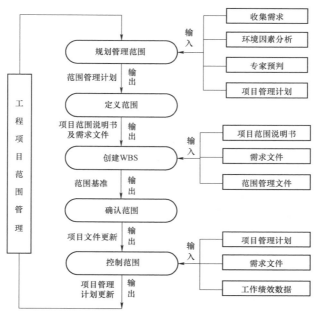

图 1-6 工程项目管理范围管理的过程

一般来说，应该根据项目管理的规划来衡量项目范围的完成情况；根据产品的需求来衡量产品范围的完成情况。项目范围管理的过程需要与其他知识领域中的过程整合起来，以保证项目工作能实现规定的管理范围。

1.4.3 现代工程项目管理组织结构

现代工程项目管理组织结构是指建设工程项目的管理者、参与者按照一定的原则或规律组成的整体，是现代工程项目的行为主体构成的协作系统。

健全的组织结构有助于高效地实施工程项目管理，因为组织结构的形成将决定组织内各级管理人员的权责模式。组织设计有助于组织体系结构的创新性安排，对组织的管理效率有很大的提高。

1.4.3.1 工程项目组织结构的设置原则

一个设置合理的项目组织结构会随着内、外部环境的变化而及时调整，使项目管理更加有效，有助于实现项目的目标。因此，良好的组织结构设置必须遵循一定的原则。

（1）目标性原则：组织的设置要针对项目特定的目标，而工程项目组织的核心目标就是在一定的约束条件下，实现工程项目目标的最优化。这里的约束条件主要是指资源和环境方面的约束。

（2）管理跨度原则：管理跨度要与管理层次保持适当的比例关系，才能设立健全高效的项目管理组织。

（3）权责一致原则：项目组织要素之间既要分工协作，又要统一指挥。一方面，组织成员要权责对等，明确自己在组织内的作用、职责以及上下级关系；另一方面，要做好分工协作，必须统一命令，建立严格的管理责任制。

（4）精简原则：项目组织在保证履行必要职能的前提下，要尽量精简机构，减少管理层次，以提高项目的运营效率。

1.4.3.2 工程项目组织结构的类型

一般来说，现代工程项目的组织结构有以下三种类型：

（1）职能式组织结构。职能式组织是根据工程项目工作任务的职能或性质不同设立的管理部门，这种组织结构适合于外部环境稳定、技术先进的大型工程项目。其优点是管理人员使用比较灵活，专业化分工明确、合理。缺点是每个具体的工作部门或管理人员在工作中可能会涉及多种职能，如果各部门下达的指令不统一便容易造成运营管理的交叉和混乱。职能式组织结构如图 1-7 所示。

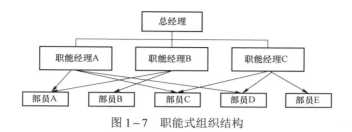

图1-7 职能式组织结构

（2）项目式组织结构。项目式组织结构即建立一个独立的组织，一切工作都围绕项目进行，以实现项目的战略目标。这个组织结构必须承担所有的工作任务，一般允许项目在承担必要责任的基础上有全部或部分的自主权，其具有"集中决策、分散经营"特点，实现了集权向分权的改变。项目式组织结构稳定，权责明确，管理层次分明；但是各分项目目标不统一，部门和人员重复设置，信息交流不通畅。项目式组织结构如图 1-8 所示。

（3）矩阵式组织结构。矩阵式组织结构是目前大型工程项目管理中应用最广泛的新型组织模式。矩阵式组织结构最大限度地发挥了职能式和项目式组织模式的优势，既包括横向部门管理，又包括纵向项目管理，纵横交叉。横向为不同的专业部门，纵向为不同的子工程项目。各专业部门的管理人员按照子工程项目分工，接受子工程项目的项目经理领导。矩阵式组织结构如图 1-9 所示。

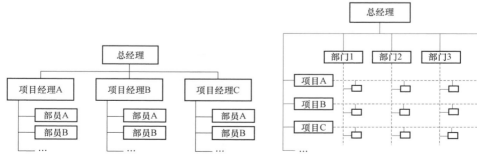

图1-8 项目式组织结构　　　　图1-9 矩阵式组织结构

1.4.4　现代工程项目人员管理

1.4.4.1　现代工程项目人员管理的概念

工程项目人员管理又称工程项目人力资源管理，是在项目人员取得、开发、利用和维持等方面所进行的计划、组织、协调和控制的活动，它强调在管理规划的基础上不断获得工程项目所需人员，并将其融入团队，激励并保证其工作热情，最大限度挖掘工程项目人力资源潜能，实现工程项目的管理目标。人员管理需要根据工程项目进展情况和外部环境的变化，结合工程项目对成本、质量、安全、工期等目标的要求，实现动态管理。

随着国内外的深入实践，工程项目人力资源管理的理念已深入人心，并逐步演化为工程项目管理的重要子系统。

1.4.4.2　现代工程项目人员管理的内容

在工程项目管理中，选择适当的管理模式，明确项目人员的职责，有利于提高工程项目的整体效率。工程项目人员管理的主要内容包含以下部分。

（1）管理规划。管理规划是为完成某项具体工程项目而设计，它根据工程项目的具体任务、组织结构、人员构成和人数配备等因素制定，因工程项目的性质、规模大小、持续时间和复杂程度而异，一般而言，管理规划的时间在项目的初始阶段，因此，在项目建设周期中应经常检查管理规划的结果，持续改进，以保证其适用性。

（2）团队发展。项目团队是由一组个体成员为实现一个具体项目的目标而组建的协同工作队伍。项目团队的发展需要经历形成阶段、震荡阶段、规范阶段和辉煌阶段四个阶段。团队发展包括提高项目人员作为个体做出贡献的能力以及提高项目小组作为团队完成职责的能力，其中，提高个人能力是提高团队能力的必要基础，团队的整体发展是项目达标能力的关键。

（3）人员工作绩效评价及薪酬体系建设。对工程项目团队人员的考核内容主要包括工作效率、工作纪律、工作质量、工作成本四个方面。通过考核，有利于加强成员的团队意识，提醒团队成员按时完成任务。设计科学的薪酬体系也有利于调动团队成员的积极性，提高工作效率和工作质量，保证项目目标的实现。

1.4.5　现代工程项目进度管理

1.4.5.1　现代工程项目进度管理的概念

进度通常是指工程项目实施的进展状况。工程项目进度是一个综合指标，除工期外，还包括工程量、资金、设备、材料、人员、机械、资源消耗等。因此，对进度的影响因素也是多方面、综合性的，进度管理的手段及方法也是多方面的。

工程项目进度管理是指在项目实施过程中，根据工程项目建设各阶段的工作内容、工作程序、持续时间和衔接关系，按照进度总目标及资源优化配置的原则编制进度计划并付诸实施。在执行进度计划过程中，根据工程实际实施的情况，检查实际进度是否按计划进行，分析出现的偏差，采取补救措施或调整、修改计划，再付诸实施，如此循环，直到工程验收交付使用。进度管理的最终目的是确保项目工期目标的实现。

1.4.5.2　现代工程项目进度计划的编制方法

通过项目进度计划的编制，排除影响进度的因素，运用各种可行的方法和措施，加强对项目进度计划的控制，使得项目的实际工期控制在施工合同规定的工期范围，达到项目建设的总体目标。多个相互关联的项目进度计划组成了工程项目进度计划系统，为工程项目进度管理的提供了依据。

编制项目进度计划的主要形式有两种，即表格的形式和图形的形式。编制方法有以下三种：

（1）关键日期法。关键日期法是进度计划表中最简单的一种方法，它仅列出项目进度中关键活动的开展日期。

（2）甘特图法。甘特图又称横道图，是一种线条图，横轴表示时间，纵轴表示工作项目，线条表示在整个项目期间内计划活动与实际活动的完成情况。它直观地显示任务的计划开展时间，以及实际进展与计划进展的对比，是最常用的一种进度计划工具。其特点是简单、直观、易于编制，因此它是小型项目管理中编制进度计划的主要工具。即使在大型工程项目中，甘特图也是管理层了解项目整体进展、基层安排进度的有效工具。但是甘特图法的缺点在于不能全面反映工程项目各工序之间的相互关系，不能反映出整个项目的主次和关键与非关键工作，使管理者难以对进度计划做出正确的评价。甘特图如图1－10所示。

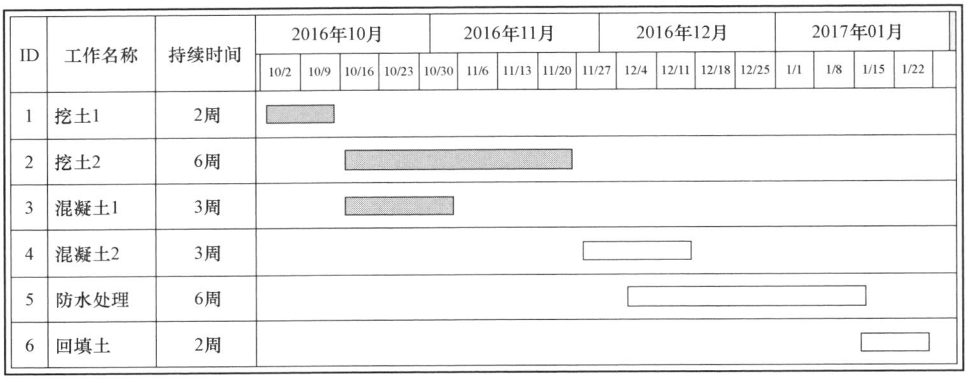

ID	工作名称	持续时间	2016年10月					2016年11月				2016年12月				2017年01月			
			10/2	10/9	10/16	10/23	10/30	11/6	11/13	11/20	11/27	12/4	12/11	12/18	12/25	1/1	1/8	1/15	1/22
1	挖土1	2周																	
2	挖土2	6周																	
3	混凝土1	3周																	
4	混凝土2	3周																	
5	防水处理	6周																	
6	回填土	2周																	

图1-10 甘特图

（3）网络图法。网络图是由箭线和节点组成的网状结构图，能够直观地显示各工作的开始和结束时间，并能充分反映关键工作以及项目各工作之间的逻辑关系。其中关键路线法是最常用的网络图法，关键路线法是一种通过分析哪个活动序列（哪条路线）进度安排的灵活性（总时差）最少来预测项目工期的网络图法，通过项目分解结构（WBS），得到许多项目单元，工作包是层次最低的单元，它由许多工序构成，工作包与工序之间存在复杂的逻辑关系，由此形成了项目的网络，单代号网络和双代号网络是最常见的两种表达形式。根据项目网络图及活动持续时间估计，通过正推法计算项目活动的最早时间，通过逆推法计算活动的最迟时间，在此基础上确定关键线路，并对关键线路进行调整和优化，从而使项目工期最短，项目进度计划最优。

1.4.5.3　现代工程项目进度计划的控制

进度控制是一项全面、复杂和综合性的工作，因为工程实施的每个环节都影响到工程进度，因此需要从多方面采取措施，促进进度控制工作。采用系统工程管理方法，编制网络计划只是第一道工序，最关键的是按时间主线进行控制，保证计划进度的实现。常用的进度控制方法有以下几种：

（1）横道图比较法。该方法是将项目实际进度用横道线并列标在计划进度的上方进行直观比较，为管理者提供二者之间的偏差，若实际进度落后于计划进度，则采取必要的措施改善落后状况；若实际进度远提前于计划进度，则适当降低单位时间的资源需用量，使实际进度接近计划进度，并可降低相应的成本费用。

（2）S形曲线比较法。S形曲线比较法同样是将实际进度与计划进度在图上直观进行比较的方法。进度控制人员在计划实施前绘制出计划进度 S 形曲线，在项目实施过程中，按规定时间将项目的实际完成情况绘制在同一张坐标图上，得出实际进度 S 形曲线。通过比较两条 S 形曲线可以得到实际工程项目进度、进度超前或拖延时间、工程量完成情况、后期工程进度预测等信息，从而实现对项目进度的控制。S形曲线如图 1－11 所示。

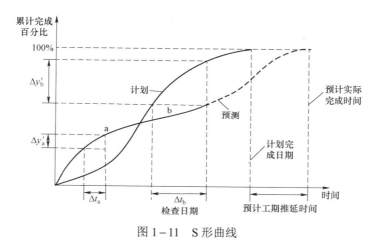

图 1－11　S形曲线

（3）香蕉曲线法。根据网络计划理论可知，每一项工作都有最早和最迟两种开始和完成时间，香蕉曲线就是由最早和最迟两种时间绘制的 S 形曲线组合成的闭合曲线。以各项工作的计划最早开始时间安排进度而绘制的 S 形曲线，称为 ES 曲线；以各项工作的计划最迟开始时间安排进度而绘制的 S 形曲线，称为 LS 形曲线。两条曲线都是从开始时刻开始到完成时刻结束，因此两条曲线都是闭合的，其余时刻，一般情况下 ES 曲线上的各点均落在 LS 曲线相应点的上方，形成一个形如香蕉的曲线，称为香蕉曲线。项目实施过程中进度控制的理想状态是：在任意时刻项目实际进度绘制的点，均应落在两条 S 形曲线所包含的区域内。利用香蕉曲线除了可以进行实际进度与计划进度的比较，合理安排进度外，还可以对后期项目进度进行预测。香蕉曲线如图 1－12 所示。

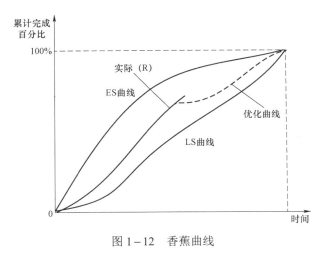

图 1-12　香蕉曲线

（4）列表法。列表法记录进度检查时应当进行的工作名称和尚需作业天数，通过列表计算有关时间参数，根据总时差和自由时差判断实际进度与计划进度的偏差。网络计划分析表如表 1-3 所示。

表 1-3　　　　　　　　　　网 络 计 划 分 析 表

工作编号	工作名称	检查时尚需作业天数	按计划最迟完成前尚有天数	总时差（天）		自由时差（天）		原因分析
				原有	目前尚有	原有	目前尚有	

1.4.6　现代工程项目质量管理

1.4.6.1　现代工程项目质量管理的概念

现代工程项目质量管理是指为保证和提高工程质量，运用一整套质量管理体系、手段和方法所进行的系统管理活动。质量管理主要依赖于质量计划、质量控制及质量改进所形成的质量保证系统来实现。工程项目的质量管理是一个系统过程，在实施过程中必须创造必需的资源条件与项目质量要求相适应。施工单位要实行业务工作程序化、标准化和规范化，对项目实施全过程实施质量控制，以保证工作质量和项目质量。

1.4.6.2 现代工程项目质量管理的方法

质量管理的发展经历了四个阶段：产品质量检验阶段、统计质量管理阶段、全面质量管理阶段和质量创新阶段。其中全面质量管理是指组织以质量为中心，以全员参与为基础，通过让顾客满意和组织内所有成员及社会受益，而达到长期成功的管理方法。它强调质量管理从管理结果转变为管理因素，找出影响质量的因素，抓住主要矛盾，依靠科学管理的理论、程序和方法，使生产的全过程都处于受控状态。

质量管理一个的重要工作方法是 PDCA 循环（见图 1－13），PDCA 循环将质量管理分为四个阶段，分别为计划阶段（Planning）、实施阶段（Do）、检查阶段（Check），处理阶段（Action）。

（1）P——计划阶段：分析现状，找出存在的问题；诊断分析产生质量问题的各种因素；找出影响质量的主要因素；针对主要影响因素，制订措施，提出改进计划，并预计其效果。

（2）D——实施阶段：按既定的计划执行措施，实现计划中确定的内容。

（3）C——检查阶段：根据改进计划的要求，检查、验证实际执行的结果，看是否达到预期的效果。

（4）A——处理阶段：对检查阶段发现的情况和问题做出分析改进。这一阶段包括两个步骤：第一步，总结经验，把行之有效的办法标准化，固定下来，巩固已经取得的成绩，同时防止重蹈覆辙；第二步，提出这一循环尚未解决的问题，将遗留问题转入下一个管理循环，直至解决掉。这一阶段是推动 PDCA 循环的关键阶段。

PDCA 循环是爬楼梯上升式的循环，每转动一周，质量就提高一步。通过循环，将质量管理转变为预防和改进为主的系统管理、全面综合治理的方式。

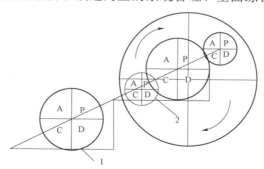

图 1－13　PDCA 循环

1—原有水平；2—新的水平

1.4.6.3 现代工程项目质量影响因素的管理

影响工程项目施工质量的关键因素有五个，即为人（Man）、材料（Material）、方法（Method）、机械（Machine）、环境（Environment），简称 4M1E 因素。

（1）人员管理。人的因素是 4M1E 的首要因素，人的素质、技术、操作水平、管理水平都影响到工程的最终实体质量。在组织工程项目的施工过程中，要从思想、技术水平和体能等各个方面，全面提高施工者和管理参与者的素质。

（2）材料管理。材料是工程实体组成的基本单元，材料的质量直接决定工程实体质量，因此材料质量必须满足规范的要求。材料的质量控制，主要通过合理确定工程材料的质量标准，以及对采购的材料质量进行全面仔细检查来实现。

（3）施工方法的管理。工程项目的施工方法直接决定工程项目的质量结果。因此，需要根据现有的技术力量、生产水平和生产资源等情况，综合分析各分部分项工程的质量影响因素，并根据不同分部分项工程的施工特点，不断进行方案比选，从而确定最合适的施工方法。

（4）机械设备管理。机械设备是施工方法得以实现的物质基础，是组织工程项目施工的前提保障。为使工程项目的施工质量满足要求，必须科学合理地选择施工机械设备，在施工过程中正确使用、维护和管理好各种机械设备，以发挥机械最佳生产能力，保证工程项目的质量。

（5）施工环境的管理。对工程项目施工质量产生重大影响的环境因素主要指工程项目的自然环境和管理环境。自然环境包括工程地质、地形等；管理环境包括质量监督体系、质量管理体系等。由于工程项目的环境因素所涉及的范围很广，且环境条件日益变化，因此必须根据工程特点全面考虑、综合分析，制定行之有效的监理细则，才能达到控制的目的。

1.4.7 现代工程项目安全管理

1.4.7.1 现代工程项目安全管理的概念

现代工程项目安全管理就是保护施工过程中的参与人员、各种机械设备和环境避免遭受来自外界的损害，从而保证项目工作人员有一个良好的工作环境。在进行安全施工管理过程中，项目负责人应该对整个工程的安全风险管理有一个整体的部署。

1.4.7.2 现代工程项目安全管理的内容

现代工程项目安全管理的对象一般为环境卫生、安全法规和安全技术。环境卫生一般是关于施工现场及其周边环境的管理，尤其是在野外开展工程作业时对施工现场一定范围内的安全隐患的排查和清理。安全法规用于约束工作人员在工程建设过程中按照规定的安全制度开展工作，避免由于违规操作引起安全隐患。安全技术管理的对象是施工过程中所使用的各种工艺流程，降低或消灭在使用劳动工具的过程中所产生的不安全因素。

项目组在现代工程项目安全管理方面应始终坚持以下原则：

（1）"安全第一"原则。"安全第一"原则要求在工程项目的施工过程中，必须保证以工程项目生产安全为首要目标。

（2）"持续改进"原则。安全管理作为一种动态管理，其管理方法和措施是不断变化的，以适应新出现的安全问题。更重要的是在处理新问题时，积累安全管理与控制经验，不断改进安全管理方法，进而不断提高工程项目的安全水平，达到安全管理的预期效果。

（3）"全方面控制"原则。安全管理涉及工程项目实施的方方面面，周期上从计划阶段到竣工阶段，人员上从管理层到项目有关的全部人员。因此安全管理必须坚持全员、全过程、全方面的动态管理，对工程项目实施过程中可能存在的人与物的不稳定因素进行事前控制、事中控制和事后控制。

（4）"目标管理"原则。确定的目标是安全管理能够实现的重要保障。安全管理是有效控制工程项目中的人、机、料、法、环五方面的不安全状态，降低安全事故发生率，从而达到保护生产和工作人员安全的目的。

1.4.8 现代工程项目成本管理

1.4.8.1 现代工程项目成本管理的概念

现代工程项目成本管理是指施工企业以施工过程中的直接耗费为标准，以货币为主要计量单位，对项目从计划到竣工所发生的各项成本信息进行全面系统的管理，使项目施工的实际成本能够控制在预定计划成本范围内，以实现项目成本最优化的过程。

1.4.8.2 现代工程项目成本管理的内容

工程项目在固定工期内能够保质保量完成工作称为工程项目的成本管理。

工程项目的成本管理是贯穿工程项目的一套管理体系，包括成本计划、成本预算、成本控制、成本调整、成本分析和成本考核六部分。在承揽项目之后，需要依据项目进行成本预测，编制人工、材料和机械等资源需求计划，并在此基础上编制项目成本预算计划，从而对实施过程中的成本进行控制。

（1）项目成本预测。项目成本预测是施工前的重要工作之一，一般由专人进行信息的审核、项目的估算，以及预测未来成本的发展趋势，对项目的盈利空间进行估算。成本预测是成本计划的基础，为编制科学合理的成本控制目标提供依据。因此，成本预测对提高成本计划的科学性、降低成本和提高经济效益具有重要的作用。

（2）项目成本计划。项目成本计划是一个动态控制过程，它根据项目规模和施工方案确定人员、资金、资源的总数量，根据项目的进度计划确定人员和资源的进场时间及数量，并确定资金的供应情况。积极的成本计划是实现项目全寿命周期内成本最低且盈利最大化的统一。

（3）项目成本控制。项目成本控制是指在项目的施工运行中，采取相应的管理措施和技术措施对施工项目进行人员、材料和机械等资源消耗的管理和监督，使项目实际成本控制在项目预算范围之内的一项管理工作。

（4）项目成本核算。项目成本核算是整个管理体系中非常重要的环节，它将各项生产费用分配计入各项工程，计算出实际成本，与预算成本进行比较，便于检查预算成本的执行情况。成本核算反映了施工过程中人工费、材料费、机械使用费、措施费用的耗用情况和间接费用定额的执行情况，有助于挖掘降低工程成本的潜力，节约活劳动和物化劳动。此外，成本核算还可以为各种类型的工程积累经济技术资料，为修订预算定额、施工定额提供依据。

1.4.8.3 现代工程项目成本管理的影响因素

（1）工期。在现代工程项目的施工过程中，要在安全和质量保障为前提下，有效控制成本，避免浪费，严控工期。只有合理的编制工期才能使正常的施工进度有计划地进行，施工进度过快，可能导致施工质量低下，增加抢工费用，还可能造成工程质量低下，以致检验不合格后需要返工，更会使成本增加；施工进度太慢，使得机械设备以及人工费用大大增加，也会造成成本的加大。因此需要制订合理的进度计划来确保所有工程有序进行。

（2）质量。适用性和满足规范要求是质量管理的追求目标。施工过程中质量过剩或不足都会造成浪费，在项目的施工过程中，质量并不代表一切，过度追求优质质量，更可能会导致过度消耗，浪费成本。工程建设不仅要提高工程建设质量，还要把成本控制在某一水平，从而提高工程项目的综合质量成本。

1.4.9　现代工程项目风险管理

1.4.9.1　现代工程项目风险管理的概念

工程项目普遍存在投资规模大、施工周期长、作业环境较恶劣的特征。工程项目在长时间的施工建设过程中面临着各种挑战与风险，尤其是经济风险、现场作业安全风险以及控制风险。随着现代科技的高速发展和社会经济的不断转型，现代工程项目的建设规模日益庞大，来自各方面的风险因素多是不确定性的。风险在发生的过程中，通常还会引起连锁反应，将其他尚未暴露出来的风险一并引发出来，从而产生风险的共振。

风险管理的目的是在风险产生危害之前识别它们，从而有计划地消除或削弱风险。对于工程项目建设过程中出现的各种风险，项目组通常根据风险的来源和类别进行风险管理。工程项目所面对的风险是多方面的，从风险的种类来看，包括自然风险、社会风险、政治风险、法律风险、经济风险、管理风险和技术风险等。

1.4.9.2　现代工程项目风险管理的内容

工程项目风险管理和控制应该贯穿于项目立项到项目验收整个过程，应该把风险管理作为一项持续性的工作，作为管理层主要关注的工作环节。工程项目风险管理包括了对项目风险进行识别、分析、应对和监控的过程。

（1）风险识别。风险识别是一项贯穿项目实施全过程的工作，其目标是识别和确定项目风险种类、风险基本特性、风险影响方面等。同时还应该识别项目风险源自项目内部因素还是外部因素。

（2）风险估计。风险估计是在风险识别的基础上，从项目整体出发，通过收集的大量资料，利用概率统计理论，估计风险发生的可能性和产生的相应损失，弄清各类风险事件之间的因果关系，并制订出系统的风险管理计划。风险估计为分析工程项目整体风险或某一类风险提供了方法，并为进一步制订风险管理计划、风险评价，确定风险应对措施和风险监控提供依据。

（3）风险评价。风险评价是在风险识别和风险估计的基础上，对风险发生的概率、损失程度和其他因素进行综合考虑，得到描述风险的综合指标，并与公认或经验风险指标值进行比较，得到是否要采取控制措施的结论。

（4）风险应对。风险应对就是在风险发生时实施风险管理计划中的预定措施。风险应对措施包括规避、缓解、利用、自留和转移等。

（5）风险监控。风险监控是跟踪已识别的风险，监控残余风险并识别新的风险，保证计划执行，并评估这些计划对降低风险的有效性。

1.4.9.3　现代工程项目风险应对策略

在工程项目风险管理中，选定风险应对策略是所有管理人员都必须做到的一项工作。风险应对策略从改变风险后果的性质、风险发生概率和风险后果大小三个方面选择，常用的有四种，分别为风险减轻、风险转移、风险规避和风险自留。

（1）风险减轻。风险减轻是将风险造成的影响降低到可以接受的程度，主要是在风险发生过程中采用一定的干预措施来实现。

（2）风险转移。风险转移是工程项目中最常用的一种风险应对策略。风险转移是将风险带来的危险转移给第三方机构，通过一定的成本支付来锁定不确定的损失。例如为工人购买相关的人身保险。采用这种方式，工程计划可以按照最初方案执行，不需要过多考虑风险所带来的各种不确定性。

（3）风险规避。风险规避通过改变项目计划来消除特定风险事件的威胁，通常在其他风险应对方法的效果不理想时，采用此方法，但是这种应对方式对项目计划的破坏性比较大，需要修改原定的项目内容。采用风险规避不需要企业支付直接成本，却可能导致一些机会的丧失。

（4）风险自留。风险自留通常是在风险不大或无法消除风险时采用的一种应对策略。风险自留一般与上述几种风险应对策略配合使用，在转移风险或是降低风险的同时，还接受项目管理团队无法化解的风险损失。

第2章　中国输电工程项目的创新环境

在探索适应于我国输电工程项目的管理创新理论与应用之前，需要对中国输电工程项目的创新环境进行分析。

2.1　中国输电工程项目管理状况

2.1.1　输电工程中现代项目管理方法的发展和应用

现代项目管理方法在输电工程中的应用包括两个层次：① 针对工程中的若干关键维度或业务，如质量和安全等方面，引入现代项目管理方法，以提升业务开展水平；② 针对工程开展的整体情况，进行工程项目集成管理评价。以下分别介绍现代项目管理方法在这两个层次中的应用。

2.1.1.1　工程项目具体业务层面管控方法

工程项目具体业务管控是指对决定工程顺利开展的若干关键维度进行管理和控制。根据第 1 章内容可知，现代工程项目管理方法涵盖了工程项目所有的关键维度。目前在我国输电工程管理领域，现代管理理论在具体业务层面的应用包括质量管理、安全管理、造价管理和进度管理等多个方面。

（1）项目质量管理。当前工程项目质量管理相关理论的研究已经较为成熟，工程项目质量管理经过了大量的项目实践从经验走向科学，概括总结了反映工程项目活动普遍规律的基本原理、方法和技术，同时也注重人的因素。然而，目前在输电线路工程质量控制领域，相关理论成果仍然有限。早期输电工程质量管理多采用其他领域质量管理的相关理论或方法，如 PDCA 循环等。此类方法虽然具有较强的通用性，但针对性相对不足，因此并不能很好地实现项目质量管控。近期的质量管理则开始逐渐结合输电工程的特性开始对传统的质量管理方法进行适应性改进，例如 500kV 韩江—汕头送电线路采用了基于施工网络进度计划的多目标模型方法，在项目进度的关键节点对工程质量进行评价，取得了较好的效果。

（2）项目安全管理。项目安全管理自引入国内以来就备受关注，在输电工程领域也开展了系列研究和工作。目前已经明确了输电工程项目安全管理的原则、目标，并针对输电工程的关键工种和项目环节设计了较为具体的安全管理方法。但是现代项目管理理论在项目安全管理领域的应用还较为有限，使得当前输电项目的安全管理工作较为主观、琐碎，同时也增加了工作量。随着特高压输电工程在国内的发展，目前已经有高校开始结合现代管理理论和运筹学方法研发体系化的项目安全预警管控平台，但目前尚未投入实际应用。

（3）项目造价管理。目前我国输电项目造价管理普遍采用的思路和方法是全过程造价管理，大致将输电工程分为决策、设计、招投标、实施、竣工验收五个环节，在每个环节跟踪人员和物料的成本和实际支出，并结合各阶段的造价规划和物资清单确保对项目造价的严密管控。随着输电项目工程数量、规模和造价的提升，近期国内输电项目造价管理的发展趋势是软件化和"去人为"化，即用造价控制系统代替人工台账，实现数据的批量导入导出和看板展示。目前相关系统已经研发完成，并开始在一些公司的投资决策中应用。如国网陕西省电力公司针对省内的特高压、常规输电项目，构建了"投资数据看板平台"，实现了辖区所有输电项目全过程造价的一体化、平台化管理。

（4）项目进度管理。项目进度管理理论和方法在不同类型的工程项目之间具有较强的通用性，目前国内输电项目使用较多的方法包括甘特图法、里程碑计划、网络计划等。此外，国内外常用的项目管理软件也在我国输电工程项目中有所应用，如P3、Project Schedule等。由于输电项目，尤其是特高压输电项目具有项目规模大、工期长等特点，需要研究应用更为先进的进度管理方法。目前的思路是将多种项目进度计划管理方法综合应用。如胶州海庄牵引站输电工程项目运用工作分解结构和网络计划技术等，采用关键线路法确定关键路线，进而制订出了项目进度计划，实现了大规模输电工程进度的有效管控。

2.1.1.2　工程项目整体集成管理评价方法

工程项目整体集成管理是在对工程质量、安全、造价和进度等关键业务进行评价的基础上，对工程开展的整体情况进行综合评价。2005 年，国家电网公司发布《国家电网公司输变电工程达标投产考核办法》，开始对输电工程建设的整体情况进行考核，这也是评价工程项目整体管理水平的早期标准。但是该标准的评价结论相对简单，没有提出相应的改进建议或措施，对其他项目及今后的工程项目建设实际指导意义有限，不利于输电工程项目质量管理水平的持续提高。根据现代项目管理理论，项目质量管理的发展具有动态性，不同阶段影响项目质量的因素不同，质量管理的内容和目的也不同，要求项目质量管理的重点和方法也要随之调整、提高。为此，各省级电力公司开始研究输电工程项目整体管理评价方法并取得了一定的成果。其中，被应用最为广泛的理论是项目综合评价理论，即结合工程项目特点和管理者自身的管理方法，设计分层次的项目管理评价指标体系，并辅以赋权和综合评价模型，以实现对输电项目的整体评价。早期的评价模型大多是直接引用国内外其他工程领域的指标体系或评价方法，如河北省承德市丰周 220kV 输电线路工程采用的项目成熟度评价体系，这一体系最初被用于软件工程的评价。在此基础上，随着特高压输电工程项目管理要求的逐渐提高和相关研究的逐步深入，已有研究团队针对特高压工程整体评价提出了更为综合、科学、动态的评价模型，但暂未投入实际应用。未来对于输电工程项目整体集成管理评价方法的发展趋势体现在两个方面：① 针对性更强，能够更好地结合我国输电工程项目的发展方向，尤其是我国特高压工程建设的需要；② 具有识别追溯能力，基于更为全面的评价指标体系和科学的评价方法，能够通过评价结果追溯到项目投资建设运营过程中的优势点和薄弱点，为进一步提升管理水平提供有力支撑。

2.1.2　中国传统输电工程项目管理模式

我国工程管理思想的精髓是坚持集团化运作抓工程推进、集约化协调抓工程组织、标准化建设技术体系、精益化管理创精品工程。在工程建设中坚持统一规划设计、统一技术标准、统一建设管理、统一招标采购、统一资金管理、统一调试验收的基本原则。

经过两大电网多年来输电工程的管理实践，以及近年来特高压交直流示范工程和交流扩建工程的不断丰富和完善，从工程实际运行效果来看，已逐步形成了总部（分部）统筹协调、集约管控，直属单位专业化支撑或现场建设管理，省级电力公司属地化管理相结合，分工负责的管理模式。在综合考虑输电工程项目的特点及当前存在的问题的基础上，以国家电网公司为例，工程建设初期，输电工程管理模式为总部为项目管理决策、管控主体，特高压部承担项目建设实施总体管理任务，负责确定工程建设目标和计划、建立管理体系；负责全过程统筹协调和科研、设计、设备、验收、调试等关键环节管控；指导、监督、考核建设管理单位业务开展及完成情况等。总部办公厅、发展部、财务部、生产部、科技部、基建部、物资部、国际部、国调中心等部门按照职责分工履行归口管理职能，并参与配合工程建设。分部按照总部和分部一体化运作机制，协助总部负责区域内有关协调、监督、检查等管理工作。省级电力公司为项目属地化管理主体，发挥属地优势，负责工程投资和属地协调等工作，负责变电站（换流站）"四通一平"建设管理；负责生产准备和运行维护等。直属专业公司和科研咨询单位为技术支撑或项目建设管理主体。交直流建设公司主要负责特高压线路和变电站（换流站）主体工程现场建设管理。信通公司负责配套通信工程现场建设管理。物资公司负责总部集中供应物资合同执行，组织开展工程物资供应工作。国家电网公司经济技术研究院（简称国网经研院）、中国电力科学研究院等单位作为总部层面的业务支撑单位，分别承担设计技术管理和关键技术研究、设备材料监造、系统调试等工作，并为总部提供技术服务。国家电网公司输电工程建设管理模式如图 2-1 所示。

2.1.3　发展特高压背景下输电工程项目管理存在的问题

过去 20 年，经济社会发展快速，使得越来越多的行业与能源电力紧密相关，对电力能源的需求也越来越强烈。这也促进了电力行业的快速发展。但同时，由于电网工程建设滞后的管理方式，使得实际项目管理过程中出现了很多矛盾和问题，如建设管理力量不足、参建队伍结构性缺员、设备材料供应矛盾较为突出、装备水平有限、技术和设备开发受阻等。这些问题都会给初期的特高压输电工程建设带来了一定的约束和影响，必须突破和解决。

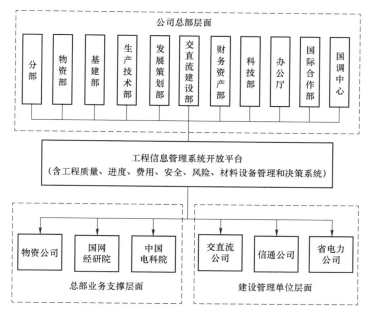

图 2—1　国家电网公司输电工程建设管理模式

2.1.3.1　建设管理力量不足

当时，国家电网公司内从事特高压工程的单位仅有交直流建设分公司具有特高压工程管理经验与工程建设专业技术支撑能力，现有人员仅可组建业主项目部并建设 6 个换流站、6 个变电站，与特高压工程大规模建设管理资源要求有较大差距。尽管省级建设公司在特高压交直流线路建设方面具有较丰富的建设管理经验，但特高压变电站及换流站建设经验相对较少。

2.1.3.2　参建队伍结构性缺员

在特高压工程建设中，特高压变电站及换流站的工程设计以系统外的六大区域设计院及部分省院为主。施工和监理以系统内送变电、监理公司为主，因而，普遍存在结构性缺员问题，尤其缺少项目经理、总监等核心管理人员以及掌握换流站设计及建设、控制保护等技术的专业人员。在工程设计方面，亟须扩大熟悉特高压输电技术的高素质设计力量，确保工程设计满足安全可靠和经济合理的要求。

2.1.3.3　装备水平有待提升

在特高压建设中，需要很多特殊的设备设施，但从实际来看，当时拥有的特高压工程专有技术及机具装备水平尚不能完全满足特高压工程大规模建设需求。在工程调试方面，虽然中国电科院具备特高压交直流工程调试能力，经研院也具备直流系统联调能力，但只满足同期调试 2 个直流工程（4 个换流站）、2 个交流工程（6 个变电站）的专业资源。省级电科院尚未实质性参与特高压系统调试工作，专业技术力量相对缺乏。

2.1.3.4　设备材料供应矛盾较为突出

当时，我国的变压器（交直流）年产能与大规模建设需求存在 300 台以上缺口，线路钢管塔年产能的需求缺口 140 万 t。套管、出线装置等关键部件主要依赖进口，供货周期长，需求缺口大，限制因素较多。面对特高压电网大规模、高水平、快速推进的新形势，建设资源总体偏紧，特别是"四交"工程同步建设，设备资源紧张，钢管塔产能存在一定缺口，设备材料供应矛盾较为突出。

2.1.3.5　科研力量相对薄弱

特高压工程是极具创新引领性的系统工程，面临大量技术攻关和深化研究工作，必须统筹调动、集中各方面的资源和力量，严格管控科研设计、设备制造等关键环节，确保工程实现一次投运成功、长期安全运行的目标。同时由于在工程中常常会增加新的设备和材料，因此急需与之相配套的科研部门予以跟进。特别是基于实时操作系统的换流站控制保护系统等关键设备均为世界首创，研制难度极大，是对电力电子技术、电工技术、材料技术、高压试验技术和控制技术的极限挑战。此外，包含两大系列、多种型号换流变压器的研发，涉及电场分布技术、磁场分布技术、发热和传导计算、谐波分析、油纸兼容和电化学技术、直流电场和交流电场叠加交互作用分析等技术。每台换流变涉及上万种物料，物料供应涉及多个国家数十个制造厂，组织和管理难度极大。可见，特高压工程对科研力量要求非常高，而当时的科研力量还是相对薄弱的。

2.1.3.6　施工技术水平要求高

由于特高压工程涉及的范围广、影响大，在工程中又有尺寸大、质量大、安装工艺要求高的多种变电站主设备，相比传统的电网工程，特高压工程对施工组织、方案、机具和队伍素质的要求普遍提高，设备安装风险、工程施工风险、系统运行风险也大幅提升。

2.1.3.7　建设遗留问题责任难以明确

指挥部基本代表公司直接全面负责工程建设管理工作，包括贯彻执行工程建设领导小组的各项决定，负责与地方关系的协调，代表国家电网公司总部负责物资供应、资金拨付审查等工作，负责现场安全、质量等监督检查工作，负责组织建设管理单位进行现场施工指挥，组织工程结算等工作。建设期间，指挥部基本脱离于后方专业管理部门管理，后方专业管理部门主要提供人员保障，以至于造成后方管理部门人员短缺，影响正常工作。工程完工指挥部解散后，建设遗留问题责任难以明确。

2.2　创新环境分析

我国能源资源与能源消费呈逆向分布，特别是西南水电、"三北"风电和太阳能的大规模开发，决定了需要实施以电力为重点的能源大范围配置。而现有输电系统的长距离输送能力有限、跨大区电能交换能力和接入新能源能力严重不足，不能满足清洁能源快速发展和能源大范围配置的需要，客观上要求加快电网升级。同时，新一轮电改为电力市场带来极大的变化，且近年来由于政策的支持和技术的进步，特高压发展快速，沿用原本的管理体制可能会产生问题，因而需要进行一定的管理创新。

2.2.1　市场环境

近二十年间，电力工业的市场化改革在世界多个国家进行。虽然世界各国或同一个国家的不同地区在进行电力工业改革时的出发点和目的可能不大相同，但有两个共同点，即发电环节与输电环节分离、售电侧开放。这极大地改变了传统的电力工业，在发电、输电和系统运行等方面引入了很多新的挑战。2015 年，我国出台了《关于进一步深化电力体制改革的若干意见》，标志着我国新一轮电力体制改革拉开了序幕。

新电改坚持市场化改革方向，以建立健全电力市场机制为主要目标，按照管住中间、放开两头的体制架构，有序放开输配以外的竞争性环节电价，有序向社会资本放开配售电业务，有序放开公益性和调节性以外的发用电计划，逐步打破垄断，改变电网企业统购统销电力的状况，推动市场主体直接交易，充分发挥市场在资源配置中的决定性作用。

在放松管制的环境下，输电扩展规划的目标将与以往有所不同。尽管社会效益仍然是一个需要考虑的重要约束因素，但输电网络所有者或投资者更感兴趣的是如何最大化自己的收益。然而，由于输电网络具有自然垄断特征，因此来自政府的管制仍然无可避免。这些因素给输电工程带来了许多新的挑战。需要定义新的规划目标，对现有的规划准则进行重新检验，并建立新的规划模型和方法等，以满足电网规划建设的新需要。

2.2.1.1　在竞争的市场环境下输电工程所面临的挑战

市场机制下，输电网除了具有规模效应、正外差因素（经济学中的"搭便车"现象）和负外差因素（输电投资者通过更改网络结构、减少输电容量获益）等特点外，发输分离使输电规划更加复杂，主要表现在：

（1）市场机制下输电规划面临更多的不确定影响因素。产生该现象的主要原因是未来发电项目的位置、容量以及负荷增长情况通常是未知的。而且输电项目的建设时间跨度较长，机组新建和退役不需要事先通知电网公司，却要求电网公司在短期内完成联网工作，这对规划工作是很大的挑战。电网规划者处于两难境地，既要考虑满足电力供应和网络安全稳定，还要考虑输电设备的长期利用。另外不确定因素来源于市场主体之间的关系，用户自由选择权的引入将会产生大规模的远距离输电交易，形成了发电企业之间及其用户之间的合作与竞争的不确定。这些不确定因素使传统的输电规划方法、模型不再适用。

（2）市场条件下网—源规划更难协调。通常认为，纯市场环境下不再存在电源电网综合规划，但为了保证电力系统的经济性和安全可靠性，发输电规划最好进行一定的协调。然而，与传统的发输电规划统一决策相比，市场环境下的发输电规划之间更加难以协调。

（3）输电设备投资回收取决于市场。传统的基于成本定价的方法能确保全部回收输电设备投资，而市场机制下输电设备的投资能否回收以及回收的程序取决于市场变化。这大幅增加了投资风险，挫伤了投资者对于输电工程的投资信心，可能导致投资不足。因此，必须建立与输电规划相适应的输电投资激励机制以及成本回收机制。

（4）输电电价的制定更加复杂。市场机制下，输电电价对投资沉没成本的回收以及投资激励程度的影响较大，如何计算各种类型合同的输电成本以及在市场参与者之间分摊各种成本，都是在制定输电电价时应考虑的问题，将这些问题综合考虑，输电电价的制定过程将变得十分复杂。

2.2.1.2 竞争的市场环境为输电工程带来的优势

随着电力市场放开，越来越多不同主体、不同类型的电源要求参与电力市场，越来越多的投资商加入电力行业的投资，将引起电力市场激烈的竞争。这对输电工程项目创新带来了两方面的优势。

（1）输电工程项目创新是庞大而复杂的系统工程，因而需要大量的资金支持；而且评估高技术项目的发展前景需要较强的专业背景，普通投资者没有时间、精力和能力去收集和整理有关信息。而越来越多电力投资商的加入正好满足了这样的要求，他们带来了庞大的资金支持能够有力促进输电工程项目的创新。

（2）激烈的竞争会使企业的商业模式变得更加灵活多样，提高竞争是促进企业创新研发活动和自主创新能力提升的重要途径。为了扩大自身的竞争优势，企业会尽可能降低成本以获取价格优势，而创新则是降低成本的有效途径。在电力市场中，降低输电成本是降低电价的途径之一，因此，日益激烈的竞争对输电工程项目的创新会产生一定的促进作用。

综上所述，在开放性的电力市场中，不具有自然垄断属性的电力资源和环节可以开放并自由竞争，促进电力资源最优化配置。但是，在基础设施方面，由于过去我国电力资源是由国家统一管理，电力网络也由国家统一建设，要真正实现电力资源市场化经营，还要对现在的输电网进行创新改造；在管理机制方面，由于市场主体之间合作与竞争的不确定性、输电设备的投资不能保证全部回收、对投资激励政策的依赖等因素，为了更好地融入电力市场，还要进行一定的管理创新，以保证输电网更加经济安全可靠运行。

2.2.2 政策环境

"十二五"期间，国家提出要加快大型煤电、水电和风电基地外送电工程建设，形成了若干条采用先进特高压技术的跨区域输电通道，建成了 330kV 及以上输电线路 20 万 km。进入"十三五"，按规划国家电网公司跨区输电规模从"十三五"初期的 1.1 亿 kW 提高到近 2.5 亿 kW，特高压规划总投资达到 2 万亿元。这对于保障我国长期稳定的能源和电力供应，构建安全、经济、清洁、可持续的能源供应体系非常关键。

从特高压投运的进程来看，2015 年之前特高压的建设相对缓慢，总共投运 9 条，总输电能力有限。而从 2016 年起，特高压加速建设并进入投运快车道。"十三五"期间，国家电网公司负责建设的特高压项目投产多达 21 项，新增输电线路长度 24 886km，特高压输电能力显著提升。根据最新统计，在 2016～2018 年投运的特高压线路达 18 条，总输电能力超过 17 000 万 kW。其中，2016 年投运 4 条，新增输电容量约为 6700 万 kW；2017 年投运 8 条，新增输电容量高达约 10 200 万 kW，对输电能力的提升效用主要从 2017 年开始显现。

在国家政策大力支持下，中国特高压建设迎来了高速发展期。这就要求对输电技术进行相应的创新，不断加大研发力度，提高自主创新能力，使产业结构调整实现突破性进展，以适应特高压的快速发展。同时，特高压的快速发展还需要相应管理体制的配合。因此，政府可以通过政策引导、标准制定、市场准入等手段以实现管理创新，进而促进特高压行业的健康、有序发展。

2.2.3 技术环境

随着我国国民经济的快速发展，一些已运行的交直流输电线路在输送容量上已无法满足电网网架的要求，出现输送容量瓶颈效应。同时，我国能源分布及负荷布局不均衡的客观现实，加剧了远距离、大功率电能输送的迫切需求。在此背景下，特高压交直流输电凭借其容量大、距离远、损耗低、占地省等显著优势，成为解决我国电网和能源发展难题的重要选择。

目前中国在特高压交直流输电方面的主要技术包括电压控制、潜供电流控制、外绝缘配合、电磁环境控制、试验技术、成套设备、系统集成、调试运行等。

（1）系统电压控制。最高运行电压是电力系统设计和设备选型的基础。对特高压输电最高运行电压的选择，国家电网公司针对最高运行电压对电网运行特性、网损及电晕损失、高海拔下设备外绝缘、输电能力和暂态稳定水平、特高压设备制造难度、造价影响进行方案比选，最终提出标称电压 1000kV、最高电压 1100kV 的电压标准，目前该电压已成为 IEC 标准电压。

特高压输电电压水平高、系统影响大，加强电压控制尤为重要，对电力系统的安全性、可靠性和经济性都有很大的影响。特高压输电系统的电压控制主要包括对工频过电压、操作过电压、雷电过电压的抑制以及对系统运行电压的控制。

（2）潜供电流控制。潜供电流是指输电线路发生单相接地故障时，健全相通过相间电容耦合和相间互感耦合向故障点提供的电流。如果该电流过大，就可能使得故障点接地电弧自灭困难，致使单相重合闸重合失效，影响系统的供电可靠性。同时，潜供电弧自灭特性受风速、恢复电压梯度等因素影响较大，自灭时间的分散性大。特高压输电线路长，相间电容大，正常运行时电压高、电流大，导致潜供电流幅值往往较大，不采取补偿措施时，每 100km 线路容性潜供电流达到 70A，抑制更加困难。为此，建立了考虑各种主要影响因素的试验模型，开展了大量试验研究，校验了潜供电流控制限值，即无电抗器补偿时潜供电流不超过 12A、有电抗器补偿时潜供电流不超过 30A，可以满足快速单相重合闸的要求。

（3）外绝缘配合。外绝缘包括相地、相间空气间隙和绝缘子、套管等固体绝缘介质沿面。特高压系统的操作过电压、雷电过电压幅值高，外绝缘配合难度更大。为解决这一难题，国家电网公司提出了以下措施：

1）深度抑制操作过电压水平，使其偏离空气间隙耐受电压的深度饱和区，从而降低了绝缘尺度非线性增长的程度。

2）综合抑制操作过电压和长波前操作冲击电压绝缘配合技术的研究成果，操作过电压水平限制到标幺值 1.7 以下，并采用 1000μs 长波前操作冲击试验结果进行绝缘配合，特高压杆塔间隙减小 40% 以上。

3）针对污秽对固体绝缘表面的耐受电压能力的影响，研究开发强憎水性复合绝缘子和套管，显著降低污秽的影响。

（4）电磁环境控制。输电工程的电磁环境指标由工频电场强度、工频磁感应强度、可听噪声和无线电干扰水平表征。特高压输电系统电压高、电流大，带电导体表面及附近空间的电场强度明显增大，电晕放电产生的可听噪声和无线电干扰影响突出。围绕电磁环境，国家电网公司在试验验证的基础上，提出了一系列有效控制电磁环境的技术和措施。

1）在特高压电场分析中，建立了复杂多导体系统工频电场计算模型，开展了全尺寸、全场域电场分析计算，计算节点近 $5×10^7$ 个。在深入研究的基础上，形成了特高压系统电磁环境控制技术，成功解决电磁环境控制难题。

2）针对特高压带电导体表面电场强度大、容易引发强烈电晕放电的问题，通过开展大量电晕试验，优化导线布置方案、金具电晕控制方法，研制防电晕金具和低噪声设备，有效控制带电导体表面和附近空间的电场场强。

3）对邻近无线台站、输油输气管道进行计算分析，通过合理布置和采取必要措施，能够解决与敏感设施间的电磁兼容问题。

（5）试验技术。特高压是基于试验的一门学科。尤其特高压系统影响大，只有经过严格的试验验证和考核，有关技术、设备才能够应用于实际电力系统中。同时，绝缘设计、设备研制也需要通过试验来优化和完善。围绕特高压交流输电，国家电网公司全面开展了试验技术、方法和设备研究，形成了国际上功能最全、可试参数最高的特高压交流试验研究能力，包括位于湖北武汉的特高压交流试验基地，位于河北霸州的杆塔力学试验基地，位于西藏羊八井的高海拔试验基地和建在中国电力科学研究院的大电网仿真中心。

（6）成套设备。特高压交流设备包括变压器、断路器等9大类40余种，额定参数高，电、磁、热、力多物理场协调复杂。国家电网公司与设备厂商联合攻关，形成了特高压输变电设备设计、制造和试验关键技术，成功研制了各类特高压设备，包括特高压变压器、特高压电抗器、特高压 GIS 和避雷器、套管等。

（7）系统集成。

1）针对特高压电压控制、外绝缘配合、电磁环境控制中遇到的各种难题，多措并举，将工频过电压、操作过电压、雷电过电压、外绝缘尺度以及电磁环境指标控制在合理范围内。

2）针对发展特高压初期没有现成的技术、设备和标准，而各方面工作又是相互影响的情况，确立系统最优的发展思路，即注重整体性能的优化，不追求单一指标的领先。

3）针对特高压试验示范工程技术创新多、新型设备多、可靠性要求严、现场施工协调量大等问题，建立了完整的工程建设管理制度体系，研发形成了全套施工技术和安装、调试、带电作业工器具，确保了工程顺利建设。特别是发挥协同优势，解决了变压器大件运输难题。同时，认真研究华北、华中两大电网的电源、负荷特性以及系统结构特征，建立了完备的联络线功率控制策略、安全自动装置、调度方案，全方位确保特高压交流试验示范工程及联网系统的安全运行。

（8）调试运行。特高压交流试验示范工程承担全面严格试验验证特高压交流输电的任务，经受了不同工况、各种条件的系统调试考验和长时间的安全运行检验。

我国特高压输电虽然取得了一系列世界级的创新成果，但由于技术、设备仍需改进以及能源政策、电力需求变化等多方面因素的影响，我国特高压输电工程仍未成熟，还需要在目前已有技术的基础上，进行一定的技术创新。同时，因为特高压工程建设首创性的特点，工程建设难度大，涉及诸多方面的关键技术，需在严密的组织、精心的策划下有序组织，因此，应进行一定的管理创新以充分评估存在的风险，制定详细周密的计划，利用先进的信息管理系统，统筹做好工程的计划、组织、协调和控制。

2.3　创新驱动力

当前我国输电工程项目面临的市场环境、政策环境与技术环境呈现日新月异的发展趋势，这就要求输电工程项目管理不能一成不变，打破传统管理思维与管理模式，积极寻求创新性的管理体系迫在眉睫。只有通过不断创新这唯一途径才能更好适应新的宏观环境的需求。本节主要从政府层、市场层、主体层三个层次描述促进我国输电工程项目创新的驱动力。具体而言，政府层包含国际层面战略与国家层面战略两部分；市场层主要重点介绍了输电项目投资与输电阻塞；主体层中涵盖了与输电工程项目紧密相关的发电厂商、电力用户、输电所有者与电建企业四类主体。

2.3.1　政府层

2.3.1.1　国际战略

习近平总书记在联合国发展峰会上发表重要讲话，倡议构建全球能源互联网，推动以清洁和绿色方式满足全球电力需求，得到国内外广泛支持和响应。

目前国家电网公司已成功搭建交流合作平台，与国际能源署联合成立了全球能源互联网发展合作组织。针对经济、社会、环境协调发展面临的突出问题，必须坚持安全、清洁、高效、可持续的原则，推动电网创新发展。因此，国家电网公司需持续深化全球能源互联网发展战略研究，加强亚洲、非洲、南美洲等洲内互联和亚欧、非欧等洲际互联规划相关工作，推动与周边国家电网互联互通和洲际联网示范项目尽快落地。要加快更高电压等级特高压输电、大规模新型储能、大电网安全运行控制等重点领域科技攻关，争取在关键技术、装备制造、标准制定等方面实现新突破。

2.3.1.2　国家战略

2014 年 6 月 13 日，中央财经领导小组第六次会议研究中国能源安全战略。习近平提出能源生产和消费革命是国家的长期战略，定调"推动能源体制革命，还原能源商品属性"，构建有效竞争的市场结构和市场体系，强调"推动能源技术革命，把能源技术及其关联产业培育成带动我国产业升级的新增长点"。2015年 3 月 15 日通过的《中共中央国务院关于进一步深化电力体制改革的若干意见》的改革重点可以概括为"三放开、一独立、一深化、三加强"，将进一步推进我国电力市场的形成。各项配套的政策正在逐步出台和完善，我国能源革命的大幕已经拉开。

我国"十三五"规划明确指出未来五年加强输电通道的建设。考虑输电通道主要是合理布局能源的富集地区外送，建设特高压输电和常规输电技术的"西电东送"输电通道。输电通道建设过程中重点考虑一是资源富集，二是受端的电源结构和调峰能力，合理确定受电比重和受电结构。同时，在保证跨区送电的可持续性的同时，满足受端地区的长远需要，还能够参与受端的电力市场竞争。"十三五"期间，规划新增"西电东送"输电能力 1.3 亿 kW。2015 年 7 月31 日，国家能源局发布《配电网建设改造行动计划（2015～2020 年）》，明确 2015～2020 年，国家计划配电网建设改造投资不低于 2 万亿元。2015 年 8 月 20 日，国家发展改革委发布《关于加快配电网建设改造的指导意见》，着力解决配电网薄弱问题，提高新能源接纳能力，推动装备提升与科技创新，加快建设现代配电网络设施与服务体系。

综上所述，在政府层面上，随着全球互联网战略和我国"十三五"规划及电改 9 号文的正式推出，未来我国输电工程项目管理对创新意识需求的迫切性日益增强，要求其提出创新性管理模式以适应越来越高的国家宏观战略需求。

2.3.2　市场层

电力工业是国民经济的基础，而输电工程是电力工业的基础。一般来说，电源投资形成对发电厂建设工程项目的需求，电网投资形成对输电工程项目的需求。近几十年来，我国国民经济的高速发展拉动了我国电力工业投资的快速增长，电力工业投资的不断增加促进输电工程项目日益增多，市场规模不断扩大，输电工程项目在国民经济中的地位不断提升。

过去一段时间，随着中国经济的较快发展，东南沿海地区普遍出现了缺电的现象，中国电力发展长期存在的"重发轻送"问题逐渐暴露出来，突显出中国电力行业发展中的一个薄弱环节——电网设施相对不足。2006 年后，电网建设超过电源建设发展，成为电力建设的主要投资重点。电网投资比例已经由2005 年的 32.10%上升到 2012 年的 49.47%，投资比例结构趋于合理，改善了21 世纪初中国电源投资规模过大、增速过快、比例过高的趋势，电源与电网开始协调、科学发展。2013 年，中国电网工程建设完成投资 3894 亿元，占电力工程投资比重为 51.20%，同比提高 1.6 个百分点。市场环境下的输电网扩展规划主要集中在输电投资和输电阻塞。输电投资主体是输电网投资者，以输电投资利润最高为目标。输电阻塞与发电有关，当发生阻塞时，说明更加便宜的电力因为输电网限制无法输送到受端，通过输电阻塞可以释放输电投资的信号。

2.3.2.1　输电项目投资

在电力市场环境下，输电投资项目投资决策的特点包括：① 项目投资的风险性。在电力市场条件下，各种影响投资决策的因素波动较大。② 项目投资大多具有不可逆性，即项目初始投入将部分或全部成为沉没成本。③ 项目投资的时间安排柔性，即项目投资的时间是可以调整的。④ 投资项目经营柔性，即决策者可以在投资过程中针对项目的不确定性采取积极管理。⑤ 现金流不可完全预知。输电项目投资具有十分明显的实物期权特征，从投资决策的角度讲，输电投资项目可以视为一种选择权，即用今天的投资（数额相对较小）来产生以后决策投资与否的一种权利，投资的价值不仅包含实物价值，还包括这个选择权的价值，即该投资带来了一种在将来某一情况下争取额外回报的可能性。由于输电投资的以上几种特性，在未来的电力市场中输电工程项目的创新显得尤为重要。

2.3.2.2 输电阻塞

电力交易决定了系统潮流方向和大小，具有较大随机性，输电网络的容量限制可能导致传输阻塞。在电力市场中，阻塞管理是输电管理的中心。阻塞阻止了新的输电合同的增加，也可能使得已有的输电合同不能按计划实行，增加停电的可能性。阻塞可能使得在电力系统某些地区形成垄断电价。因此，如果发生较严重阻塞，电力市场就可能会被某些市场参与者所左右。如果不消除系统阻塞，就不可能有公平竞争的、高效率的电力市场，阻塞问题成为输电网运行需要考虑的重要问题之一，如何解决阻塞问题也成为未来的创新研究方向。

综上所述，在市场层面上，输电工程项目投资与输电阻塞管理问题是与我国输电工程项目管理息息相关的两项因素，同时也是未来促进我国输电工程项目管理创新的重要驱动力，为其未来创新发展提供了探索方向。

2.3.3 主体层

输电工程项目的主体层包含发电厂商、输电所有者、电力用户、电建公司四部分。各部分对于输电工程项目均有一定的创新驱动力。电力市场中有 3 个主体，即发电厂商、电力用户和输电所有者。此外，对于输电工程项目而言，电建公司在项目实施阶段的作用举足轻重，同时也成为输电工程项目的创新驱动力之一。

（1）发电厂商。发电厂商是电力系统中构成发电子系统的各类发电机组的主体代表。作为电力系统的重要组成部分，其主要功能是将自然界中不同种类的一次能源包括化石能源（煤炭、石油、天然气等）、核燃料（钍、铀等）以及可再生能源（水能、风能、太阳能、生物质能、海洋能、地热能等）转化为电能。

全球工业化以来，传统化石能源被大量开发和使用，导致能源资源紧张、环境恶化、气候变暖、冰川消融、海平面上升等突出问题，严重威胁人类生存和可持续发展。建立在传统化石能源基础上的能源生产和消费方式已经难以为继，以风能、太阳能为代表的可再生能源正逐步成为人类能源可持续发展的重要选择。可再生能源中除大中型水电具有相对较好的调节性能以外，风电、太阳能发电的可控性较差，其出力的波动性和随机性给电力系统带来了更多的不确定。随着风电、太阳能发电等能源发电占比逐步提高，将对电力系统的规划设计、调度运行、保护控制、经济性分析等产生影响。高比例可再生能源增加了系统调峰压力，常规电源将频繁参与系统调节，影响其经济寿命，并对抽水蓄能、储能等灵活性调节电源提出了更高要求。要实现可再生能源的大规模开发与高效利用，逐步替代煤炭等化石能源，需要构建全球能源互联网，形成以特高压电网为骨干网架（通道）、以输送清洁能源为主导、全球互联的坚强智能电网，实现能源开发的"清洁替代"和终端能源利用的"电能替代"，将是未来实现高比例可再生能源发展的重要路径之一。

可再生能源的大规模开发利用为输电网工程项目创新提供了新的驱动力。以风电为例，可用输电能力是衡量大规模输电安全性和经济性的重要指标，对它的定量评估是电力系统任何大规模电能传输的前提条件。其大小直接决定了大规模跨区域电能的输送是否可行。因此，在风电机组和抽蓄机组大规模接入系统的新形势下，有必要考虑其对系统可用输电能力的潜在影响。与此同时，风电的跨区域电能消纳也对传统的可用输电能力提出了新的要求。其一，可用输电能力的计算模型需要适应多区域互联网络的跨区域大规模计算要求；其二，可用输电能力的计算过程中需要根据风电出力的波动性对计算结果适当保留一定的输电可用裕度。

（2）电力用户。用电负荷按照电力用户的性质可分为工业负荷、农业负荷、交通运输业负荷以及居民生活用电负荷等。我国能源资源与负荷中心逆向分布特征明显，煤电主要集中在西部及北部地区，水电主要集中在西部及中部地区，风电、光伏则主要分布在"三北地区"，而我国主要的负荷中心位于东部和南部地区，由此决定我国必然存在大容量远距离输电的需求。随着未来大容量远距离电力输送需求的增加，为输电线路安全稳定运行带来新的挑战，从而为输电工程项目技术创新提供驱动力。此外，电力用户需求体验多样性需要输电网更加智能化，更加大数据化，同样为输电工程项目创新方向。

（3）输电所有者。特高压工程创新是攻克特高压交流输电技术世界难题的需要。2004年底，国家电网公司提出发展特高压输电之时，世界上没有商业运行的特高压工程，没有成熟的技术和设备，也没有相应的标准和规范。特高压输电代表了国际高压输电技术研究、设备制造和工程应用的最高水平，研究开发工作在时间维度上涉及高压输电的基础研究、规划设计、设备研制、施工安装、调试试验、运行维护全过程，在逻辑维度上涉及问题提出、方案设计、模型化和最优化、方案决策、计划安排、组织实施全流程，在知识维度上涉及电、磁、热、力等自然科学和项目管理、技术经济等管理科学，是一个复杂的系统工程。作为一个世界级的创新工程，必须要系统开发特高压交流输电从规划设计、设备制造、施工安装、调试试验到运行维护的全套技术，并通过工程实际运行验证，面临着全面的、严峻的挑战和风险。

我国电力技术和电工装备制造长期处于跟随西方发达国家的被动局面。特高压工程启动之初，中国500kV输电工程设备及关键原材料、组部件仍主要依赖进口，技术、标准和设备均建立在引进、消化、吸收基础上，创新基础薄弱，关键环节受制于人。基于我国相对薄弱的基础工业水平，在世界上率先自主研究开发一个全新的、最高电压等级所需的全套技术和设备，实现从模仿者、追赶者向引领者的角色转换，极具挑战和风险。国内设备制造商、设计单位和科研单位均有抓住机遇参与特高压交流输电技术研发、实现跨越式发展的强烈意愿，但受自身创新能力制约，难以独立完成这一艰巨的创新任务。国外大型跨国公司在市场前景不明朗、研发难度巨大的情况下，则普遍持观望态度。

国务院在2005年初听取国家电网公司汇报后，特别指出"特高压输变电技术在国际上没有商业运行业绩，我国必须走自主开发研制和设备国产化的发展道路"。对于国家电网公司而言，迫切需要的特高压交流输电技术面临既"不能买"、也"买不来"的难题。作为发展特高压交流输电技术的倡导者和用户，国家电网公司拥有国内最系统、最先进的电力技术研发资源、工程建设资源和调度运行管理资源，积累了一系列组织实施超高压交直流输电重大工程建设运行经验，具有在全国范围内集中科研、设计、制造、建设和运行维护优质资源的能力和影响力。为在较短时间内攻克特高压交流输电技术这一世界难题、实现特高压交流输电技术的创新突破，需要也必须由国家电网公司承担起整合国内电力、机械等相关行业的创新资源、主导特高压交流输电创新的重任。

2011～2015 年以来，国家电网公司投资额基本呈逐年上升趋势，五年复合增长率达 10.6%。

按照国家电网公司规划，特高压电网要在 2020 年后总体形成送、受端结构清晰，交、直流协调发展的骨干网架。配电网要按照统一规划、统一标准、安全可靠、先进适用的原则，优化网络结构，简化设备种类，提高投资效率，提升智能水平，有效解决供电能力受限、电能质量不高等突出问题，适应电动汽车快速发展、分布式电源大量接入和客户服务多样化需求。各级电网要统筹规划、协调发展，优化各地区 500kV 电网结构，加强西北 750kV 主网架建设，实现安全、经济、高效运行。因此，面对如此大量的电网建设规划，输电工程项目的创新将成为一个重点的研究方向。

（4）电建企业。电建企业作为输电工程的施工生产经营活动的经济实体，是另一个给予输电工程创新驱动力的主体。其最根本的目标就是获得效益，而实现利润要依靠工程经济活动的效率，所以电建企业的目标就是一种效率性目标。也只有在合法合规的前提下获得效益，企业才能获得生存和发展。与其他流水作业，连续批量生产固定产品的行业略有不同，电建企业的工程项目管理具有特殊性。电建企业的施工活动是以施工项目为组织管理的基本单元，施工企业的效率性目标是通过一个个的施工项目来实现的。一个施工项目就是企业的效率中心、成本中心。但电建企业的项目多为户外作业，并且每次作业的环境天差地别，项目管理受外部干扰因素众多，如天气、地理环境、民事干扰等，这决定了电建企业的项目管理具有一定的相同性，同时又具有很大的差异性。因此，创新性管理对于电力建设施工企业显得尤为重要，既是电网规划安全高效运行的保障，也是企业获得效率的根本。同时，外部竞争环境也越来越激烈。所以，无论从外部竞争格局来看，还是从企业运作方式和企业经营管理来看，对于电建企业，每一个工程项目管理都至关重要，直接影响企业的效益和未来市场的开拓，是企业信誉和品牌的窗口，也是企业一切规章制度管理工作最直接的落脚点。企业只有找到项目管理的共性，抓住主要矛盾，才能通过创新性项目管理，提升企业管理水平。

综上可知，在主体层面上，发电厂商、输电所有者、电力用户以及电建公司四个主体与我国输电工程项目管理有着直接的关系。在发电厂商方面，未来可再生能源的大规模发展为输电工程项目创新提供了源源不断的驱动力；在电力用户方面，能源资源与用电负荷分布不匹配的现状使得未来对大规模、远距离输电仍有需求；在输电网络所有者方面，国家电网公司全力推进特高压等重点工程是输电工程管理创新的直接驱动力；对于电建公司而言，输电工程创新性项目管理是提升企业管理水平，增加企业效益和开拓未来市场的关键，也是提升企业信誉和品牌的窗口。因此，主体层也为我国输电工程项目管理创新提供了巨大的驱动力。

2.4　中国输电工程项目管理创新驱动方向

中国输电工程项目管理创新的核心驱动方向为适应特高压输电工程的发展。特高压输电具有大容量、远距离、低损耗、节约占地的优点，在我国面临着能源资源禀赋与用电负荷中心逆向分布、用电需求量快速增长的背景下，有很好的应用前景。近年来，我国大力发展特高压输电，但是特高压工程具有接口复杂、输电线路长、信息量庞大、工程质量要求高等一系列特点，常规的项目管理方式已经不能满足生产建设的需求，急需适应特高压工程建设的创新管理理论，从而更好地实现特高压项目的管理工作。创新管理理论需要集中体现以下三方面的内容：特高压输电工程适用的创新管理理论的应用、适应于特高压发展的输电项目关键技术研究以及特高压工程运营管理模式的构建。

2.4.1　适应于特高压发展的输电项目关键技术

特高压输电项目是我国电力工程的重要建设项目，随着特高压输电线路建设规模与路程的不断增加，相应的运行维护技术亟须改进。为了确保特高压输电工程能够达到预期的大容量、远距离输送电能的目的，提高电力系统稳定性及安全性，诸如过电压抑制、无功功率平衡、潜供电弧消除、绝缘配合以及外绝缘设计等关键技术急需突破。

（1）过电压抑制措施。当电气设备进行开关操作或出现内部短路故障时，往往会造成短时间或持续一定时间的高压，称为过电压现象。另外，当设备处于雷击环境中，也有可能出现过电压，对设备的正常运行极其不利。特高压输电工程由于自身电压等级较高，对绝缘要求很高，如果线路上产生过电压往往对线路绝缘产生致命伤害。因此，在进行特高压输电改造过程中，需要对各种类型的过电压进行研究并寻求相应的抑制措施，以降低绝缘投入，确保线路安全稳定运行。

（2）无功功率平衡技术。特高压输电的大容量输电导致无功功率也很大，传统的限制线路容升效应的措施（如注入固定值电抗），可以改善空载线路的容升效应，但是会一定程度降低特高压输电线路的功率输送极限。因此，需要研究特高压线路无功功率平衡措施，保证线路电压稳定。

（3）潜供电弧消除措施。特高压线路的潜供电流大，恢复电压高，潜供电弧难以熄灭，会影响单相重合闸的无电流间歇时间和成功率，需研究快速消除潜供电弧的措施，以确保故障相在两端断路器跳开后熄灭潜供电弧。

（4）绝缘配合以及外绝缘设计。对输电线路的导体部分和非导电部分进行有效绝缘是保证电能安全传输的必要条件。特高压输电系统线路电压等级高，绝缘投资在整个输电线路投资中占据较大的份额，科学地选择各种电气设备的绝缘水平就显得非常重要。针对这种情况，需要重点研究特高压输电线路上可能出现的各种过电压，并进行相应的绝缘设计。

2.4.2　特高压工程运营管理模式创新

特高压工程是极具创新的复杂系统工程，面对项目参与各方的复杂关系和特殊的工程要求与特点，若要实现工程建设目标，就必须统筹调动、集中各方面的资源和力量，严格管控技术研发、工程设计、设备制造、系统集成、工程示范、现场建设、调试试验等关键环节。在此基础上，通过科学的管理模式，充分发挥各方的作用，确保保质保量完成工程项目预定任务。秉承上述思想，在明确特高压工程管理模式基本要求的前提下，按照项目管理理论来构建特高压工程的项目管理模式。

对于特高压工程来讲，由于其建设的特殊性，因此要求工程建设必须在确保质量的前提下，把工程建成安全可靠、经济合理、一次投运成功、长期安全运行的优质精品工程。同时还要与国家电网公司系统战略导向和战略路径相匹配，强化精准投入、精益管理，在建设中实行统一规划设计、统一技术标准、统一建设管理、统一招标采购、统一资金管理、统一调试验收，以科研为先导、设计为龙头、设备为关键、建设为基础的工作方针，安全第一、质量至上，着力提高工程建设的质量、效益和效率，确保工程项目按照预定的计划完成全部内容。管理模式创新的基本方向主要包含以下方面。

（1）要使建设管理创新长远目标与特高压工程大规模建设管理相结合。按照电网建设客观规律，研究与经济社会发展要求相适应的电网建设管理模式，推进体制变革和机制创新，进一步提高电网建设效率与效益。同时，满足特高压工程大规模建设需要。这既是前阶段实践经验的总结提升，也是后续工程优质高效建设的重要保证。

（2）确保总部集约化统筹管控、省级电力公司属地化建设管理、直属单位专业化技术支撑相协调。在继续保持总部的统筹协调主体地位和作用，坚持精益化管理、标准化建设，充分发挥省级电力公司的属地化协调优势，建立与特高压运维检修属地化管理相适应的建设管理模式，推进特高压工程建设管理属地化。充分发挥直属公司的专业化优势，积极开展科技创新、引领示范型特高压建设，稳步提升国网交、直流建设公司专业水平，培养成为业务精湛、管理高效、服务一流的特高压交直流工程管理公司。

（3）要综合考虑特高压建设管理的最终模式与当前现实问题的协调性。基于特高压项目核准的不确定性和建设规模的不均衡性，必须立足当前、兼顾长远，积极创新建设管理体制机制，提高管理效率，提升管理水平，适应特高压电网大规模建设期间各阶段快速有序推进的要求。

（4）要综合各方优势，弥补各方管理能力的不足。在上述特高压建设管理模式的框架下，须结合公司战略导向，在工程设计、物资供应、调试试验、现场建设管理等方面创新管理机制，适应特高压工程大规模建设的需要。

（5）要完善项目责任管理体系。要实施和推进工程建设标准化管理，完善项目责任管理体系。专项工作大纲是工程建设各单项工作的指导性文件，要由国网经研院、建设管理单位（负责工程现场建设管理的省级电力公司、交直流建设公司、信通公司）、物资公司、中国电力科学研究院根据工程建设管理纲要编制，由总部特高压部及相关部门、单位审定。实施方案是工程各参建单位的具体工作策划，要由具体承担工程设计、设计监理、工程监理、施工、设备监造、交接试验、系统调试等任务的参建单位根据工程建设管理纲要和专项工作大纲编制，由总部特高压部及相关部门、建设管理单位等根据职责分工组织审查，报总部特高压部备案。

第3章 用户需求主导的工程建设创新管理理论

用户需求是技术创新的驱动力，在传统的创新模式下，制造商通过市场访问、市场调查和以往市场表现来获取用户需求信息，主导技术创新。但用户需求具有差异性，而制造商为保证经济利益更愿意生产迎合多数人而不是少数人的产品，这就导致部分用户，尤其是领先用户的个性化需求无法得到满足，从而催生了用户主导的创新模式：用户基于自身的个性化需求，整合制造商、供应商、科研机构等创新资源，自己主导产品的创新开发。以此思想为基础，同时考虑到最终用户（省级电力公司）技术、资金等资源难以满足特高压这一世界级系统性创新需求，提出了业主与用户一体的国网总部全过程主导特高压输电创新的管理思想。本章将首先阐述传统的由制造商主导的创新模式，其次基于用户的个性化需求，提出用户主导的创新管理理论，构建用户创新的基本管理体系及保障机制，最后基于用户主导的创新管理理论，提出适用于特高压输电工程的用户（业主）主导的创新管理思想。

3.1 传统技术创新模式和工程建设需求分析

3.1.1 传统技术创新模式

从创新的主体来看，以往的创新模式都是基于制造商为主体，即制造商作为创新的主导者，用户只是制造商创新服务的对象，并不直接参与创新。

基于制造商为主体的传统创新主要包括以下三个阶段。

第一阶段是在企业创新的初期，企业自身内部存在创新研究院，以创新研究院作为企业开发产品进行创新的核心点。这种创新模式主要依赖于创新研究的人才开发，通过创新研究人员自身进行市场产品调查，基于产品的使用情况进行个人或者团队的研发，对企业产品和服务进行进一步改进和创新。这种模式是诸多企业的创新模式，现在国内部分大型企业也在组建这类的科研创新研究团队或机构。这一模式依然对企业创新做出很大贡献，但是模式本身存在一些问题，由于需要进行市场调查，再基于研究者的自身研发，从产品进入市场到产品出现问题进行反馈需要经历一个漫长过程。在研究者研发改进的过程中，未能与用户进行更多的互动交流，因此会导致产品开发时间长、效率低的问题。

第二阶段是针对第一阶段存在的问题，在原创新模式上进行的改进。在原来创新研究院的基础上增加市场营销人员，即形成一个从产品研发开始，经过设计、营销、资金等全方位的创新团队，这样使得企业在创新过程中能够更好地贴近用户。通过市场人员的营销和调研更多地与用户交流，增加对用户需求的了解，使研发过程中用户参与度增加，形成一条创新链。

第三阶段是企业借助更多的外部因素，与外部机构进行联合创新。现在企业越来越多和一些科研机构，包括高校和科研院所等进行合作，企业利用外部科技和人才资源，由企业提供资金支持，共同进行产品研制和开发。这种创新模式较前两类更加开放，也使企业的眼光和思路更加开阔。当下诸多企业和科研院校或高校共同成立组建一些人才培养和开发的机构，这一模式依托于科研院所和高校雄厚的科研实力和人才储备以及企业的资金支持，双方进行优势互补，各取所需，共同推进产品的创新和研发。在这一模式下，双方的合作尤为重要，创新的效果离不开双方的协同合作，因此一旦双方的合作方式出现问题，那么创新的效果就会大打折扣。

但是无论以上的哪种创新模式，其本质都是基于生产商或者制造商为主导的创新，即企业在产品创新开发过程中起到主导的作用，产品的研制主要靠企业进行推动，企业根据自身的发展需求结合与用户需求进行创新，在这一过程中，用户始终处于一个被动的位置。企业主动提出研发要求后，再调研用户需求，因此这几种模式用户的参与度都不高，而用户作为商品产销的最终对象，其在产品的研发过程中并没有参与很多，存在一定的不合理性。

3.1.2　传统技术创新模式中存在的问题

在企业创新早期，企业的研究开发团队是创新的核心。这一模式依赖的是创新研究的人才开发和企业充分的资源保障。但这一模式的缺点是产品开发的时间长、效率低。之后，企业的创新进入了市场导向的第二代创新模式，即市场人员会进入产品的创新团队中，形成一个由研究开发、设计、营销和财务等组成的创新团队。第三代创新模式是开放的创新，强调了企业利用外部的科技资源、人才实现创新，尤其是强调了与大学的合作。

统计数字显示：全球平均每一百个技术研发项目，到最后可以申请专利的技术大约只有五个；其中，具有商业价值的大约只有一两个。也就是说，在一百个研发项目中，最后只有一两个项目，对企业的投入有了回报，对整体的经济发展做了贡献。更有实际研究发现，拥有核心技术、领导世界技术新潮流的全世界 500 强企业的投资回报率实际上是很低的，甚至经常是亏本的。

那么问题出在哪了？麻省理工学院教授、创新管理专家艾瑞克·冯·希伯尔（Eric von Hippel）曾说："我们忽略了一种重要的资源，消费者创新的热情和能力。"在进行了大量案例研究的基础上，希伯尔教授提出了创新的民主化这一新趋势。他指出："传统的产品创新方法是，首先由生产商对市场进行调查，其次根据调查结果找出消费品的需求，最后再根据需求设计出新产品。"这种方法的必然结果是上面提到的那组数据，这是一种巨大的资源浪费。

曾经的创新模式，由生产商对市场进行调研，这种创新模式可以简单满足众多消费者的基本需求，但是对于消费者或者用户的个性化需求是不能满足的，并且生产商主导的创新研究针对性差，往往研制出的产品的利用率低，存在研究与实际使用接轨偏差的问题。

导致这一问题的主要原因在于用户群体的复杂多样，需求多元且个性化，产品在研发过程中需满足众多个性化需求，这在很少有用户参与的传统创新中是很难做到的。制造商往往只是进行简单的主观的市场调研后进行产品的研发，不能准确贴合用户的具体需求，很难满足用户的个性化需求。

由于不能满足用户个性化的需求，制造商还可能面临产品滞销等一系列问题，给企业带来很大的经济损失。因此制造商主导的创新模式一定程度上存在更大的经济风险。

此外，传统制造商为主体的创新模式还存在信息滞后的问题。产品研发创新的过程是一个循环往复的过程，并不是线性前进的，在研发创新的过程中需要制造商与用户进行充分合作交流，制造商需要及时准确观察用户的需求以及动态变化，在进行产品创新的过程中根据用户的实际需求不断改进。以制造商为主导的创新模式由于与用户交互较少，容易产生对用户端信息了解不足、信息滞后等情况，导致企业的研发目标和研发方向产生偏差。

在以制造商为主导的创新模式中，存在不能满足个性化需求、经济风险大、信息滞后等一系列问题，这些问题都将导致产品针对性差、利用率低、不能满足需求等诸多弊端，给传统创新模式带来严峻挑战。

3.1.3　用户的个性化需求

个体用户或公司用户需要产品的种类越是不同，用户需求差异就越大。如果用户需求的差异性很高，那么，只有很少的用户会倾向使用相同的产品。这样大规模制造的产品就不可能精确地满足诸多用户的需求。规模制造商更愿意生产迎合多数人而不是少数人的产品，因为这样可以降低单位产品的固定成本。如果许多用户需要不同的产品，而且他们有足够的兴趣和资源得到他们想要的东西，他们就会受到激励去自己开发或找一家定制工厂替他们开发。

有研究表明，用户对新产品和服务的需求常常差别很大。一个个体或公司对产品多样性的需求取决于对用户的初始状态和资源的详细考虑，取决于用户从初始状态到达理想状态所经历的必须路径，还取决于他们对理想状态的详细考虑。对个体用户和公司用户来说，这些方面在细节上很可能存在不同。反过来，这表明了对于正好适合每个用户的诸多产品和服务的需求是有差异的，即他们对那些产品的需求具有高度的差异性。对个体或公司而言，用户最关心的产品特征可能是特定的。当然，由于财力和时间的限制，许多人购买的许多产品，并不是他们理想中的产品。

可见用户存在很强的个性化需求，而这些个性化需求的提出经常是由一些领先用户提出。最早提出领先用户概念的是希伯尔教授，他发现用户尤其是"领先用户"，实际上是很多创新的源泉。"领先用户"在工作和生活中往往使用最先进的技术和方法，但是对于这些技术和方法的表现并不满意，因而有时必须亲自动手改进这些技术和方法。这些改进往往具有很大的创造性。如果企业能够获知这些创造性的改进方法，并结合自己在生产和加工方面的优势，就有可能推出创造性的新产品和新的解决方案。领先用户具有几点重要价值：① 提供明确的产品需求信息；② 帮助公司开发新产品和服务的原型和概念；③ 加速新产品的开发过程，并提升公司产品成功率。

现在产品设计的主体正在由原来的生产商主导变为消费者主导，因为在实际需求方面没有人比消费者更了解自己的需求，而且会在第一时间清楚自己的需求，因此消费者具有先锋引领的作用，比任何一家研发机构或者企业都更加活跃，更加具有创造力。

因此，企业和个体消费者作为产品和服务的对象，应该更多地参与到产品的创新活动中。以用户为主导的创新将逐渐变为产品创新的主流力量，并且将会比制造商为主导的创新更有价值。

3.1.4 创新的驱动力

在制造商提供的产品不能满足自身个性化需求的情况下，用户将有可能选择自主创新，对现有产品进行改进与开发以满足自身需要。用户创新存在于开发、生产、销售、技术和管理等诸多方面，在社会大环境中，受社会科技、经济、政治等多种因素制约，但是追究其根本的驱动力，主要是个性化需求、支付意愿、创新的经济效益以及创新的乐趣等，并最终推动了以用户为主导创新。

（1）个性化需求。随着产品的种类越来越丰富，用户需求的差异性也越来越大。当用户最初产生某种需求时，此时市场还很小，并且很难预测未来的发展趋势，所以制造商不太可能去大规模生产能够满足该需求的产品；此外，可能由于信息滞后，制造商对用户需求了解不确切、存在偏差，所以就不能给用户提供满足他们需求的产品，用户的需求不能被满足是用户参与产品创新的直接原因。

其中，领先用户是走在市场前沿的用户，他们对产品的需求常常与众不同，他们十分在意自己对产品的独特需求是否能够得到满足。而制造商总是倾向于对目前现有的产品进行改进然后通过大规模的生产来获得利益，他们很少去考虑如何满足领先用户个性化的需求。在现实中，领先用户为了使自己的独特需求得到满足，他们更倾向于参与到产品的创新过程中，并且他们更愿意把自己所掌握的对产品的需求信息传递给制造商，这是用户主导创新的根本出发点。

（2）经济效益。经济效益是不容忽视的一项重要原因，如果用户主导的创新对用户不能带来经济效益，那么相信没有用户会主导创新，甚至不会参与创新，因此用户在主动进行创新的过程中会考虑其创新前后的经济效益。用户尤其是领先用户在进行创新时，其能预想到进行创新所能带来的经济效益，用户根据对自身经济效益的考虑，通过自身主动创新，借助制造商的力量，实现自身经济效益的最大化，通过主导创新创造满足个性化需求，提升使用质量，实现更大的利益，获得更可观的经济效益。

（3）创新的乐趣。市场上有一些用户希望获得的产品是为他们量身定做的，与此同时，这些用户也有能力承担产品创新的费用。那为什么这些用户经常自己去构思创新的想法并且设计方案，最后自己对产品进行创新，却没有雇佣专业的制造商，或许制造商才是相关的专家。原因在于在个人用户和企业用户的创新中，代理费和参与创新的乐趣也是非常重要的。很多情况下，用户并不仅仅是缺少某种产品，他们参与产品的创新不是为了得到最后创新的结果，创新过程是用户创新行为的导向。换句话说，用户把创新的过程看作是一项体验探索的行为，他们在创新的过程中收获了一种独特、新颖的体验。这种乐趣带给用户的满足感是非常大的。

在用户主导的创新研发过程中，用户根据自身的个性化需求，考虑支付意愿、经济效益和创新乐趣等因素，对自身主导创新产生动力，驱使用户主动对产品创新研发。或许有些情况下，在技术层面能做到某一事物，但是某一事物并没有应运而生，导致这一现象的很大一部分原因在于缺少创新的驱动力。用户创新最重要的驱动力在于用户的需求，加之经济利益和个人感性的因素，只要研发技术满足，那么新产品势在必行。

3.2　用户主导的创新管理理论

3.2.1　用户"创新—购买"决策

用户个性化的需求可以通过定制服务和主导创新两种方式满足。由于定制制造商在为一个或者少量用户进行产品开发方面比较专业，因此许多用户需要"完全正确的产品"，愿意并且有能力为产品的开发付费的时候，经常是愿意付费让定制制造商为他们开发一个特别的正好合适的产品。正因为这些公司是专家，所以他们可能能够更快、更好、更廉价地为公司用户和个体用户设计和生产定制产品。这种可能性确实存在，但还有不少因素会促使用户自己创新而不是购买。不管是对公司用户还是个体用户创新者，在这里代理成本起了一个重要作用；对个体用户创新者，从创新过程中体验到的快乐也可能很重要。

3.2.1.1　用户和制造商对创新内涵的理解

除了如机会主义的"习惯性怀疑"外，有三个关于交易成本的重要思想对用户是购买定制产品还是自己创新的决策有重要影响：

（1）用户和制造商对满意解决方案的不同看法。

（2）用户和制造商对创新质量的主要要求的不同看法。

（3）对用户和制造商创新者的不同法律要求。

前两个因素包含了对代理成本的思考。当用户雇佣制造商开发时，用户就是主导者，制造商扮演代理角色。当主导者和代理者的利益不同时，代理成本就出现了。

在代理成本方面，当用户自己开发产品时，可以确保符合自己的最大利益。但当用户付费让制造商开发定制产品时，情况就复杂多了。此时，用户就是委托人，委托定制制造商作为代理人。如果委托人和代理人的利益不一致，就会有代理成本。

3.2.1.2　解决方案的偏好

个人产品和服务是用户解决方案的组成部分。因此，用户需要的是一个问题方案质量和价格之间完美均衡的产品。有时完美均衡会使得用户有支付高额费用的意愿。

制造商面临着有类似考虑的用户的定制开发需求，但是他们考虑的是试图寻求低成本（对他们而言）的问题方案。制造商倾向于专业化生产，并从一个或几个特定解决方案种类中获得竞争性优势。然后，他们会尽可能将这些解决方案用于更多的赢利性项目。用户只投资于具体的需求而不是解决方案的类型，他们需要的是对问题的最好的功能性解决方案，而不是所使用的解决方案的类型。相反，制造商希望利用现有的专长和生产能力为用户提供定制的解决方案。

在定制产品的开发过程中，获得最佳功能解决方案的用户激励和在开发产品中包含特定解决方案类型的专业制造商激励的差别是代理成本的重要因素，因为对什么是最佳解决方案的看法上，用户和制造商存在明显的信息不对称问题。制造商应该比用户知道得更多，而且，为了让用户信服他们使用的是最好的解决方案，就会提供一些误导的信息。用户很难发现这种误导，因为在推荐的不同解决方案技术方面，用户不如制造商专业。

3.2.1.3　用户期望

当用户从制造商处购得产品，他们会期望产品的延伸服务。但是，如果用户自己开发产品，就可能不会有这些期望，或者能够通过非正式的、低成本的方式自己解决。这些隐含的期望会增加购买制造商定制产品的成本。用户一般期望他们购买的解决方案能正确而可靠地发挥功能。事实上，相比自己开发，发生在制造商厂房的产品开发和购买者在其所在地的日常无障碍使用之间有一个明显的界限。当用户为自己制作产品时，开发和使用在同一组织内，早期的重复测试和重复维修改进就可能成为开发过程的一个部分而被理解和容忍。

这一期望差异与对购买的产品进行现场支持有关。对于购买的定制产品，用户期望制造商在需要的时候能提供备件和服务。对制造商而言，响应这种期望的代价很高。他必须记录他为每个特定用户所制造的产品信息，记录用户产品的特殊部件以便需要的时候再次制造和购买。

3.2.1.4　不同的法律和规章要求

创新的用户如果开发出的产品失败，成本增加，不会影响其他人，通常不会面临法律风险。相反，制造商开发和销售新产品是处于法律的管辖之下，这意味着也暗含保证"适合所期望的需要"。如果产品不符合这种需要，或并没有书面的保证，但制造商若提供有缺陷的产品而没有警告购买者，制造商是有责任的。这种简单的不同会导致创新者责任风险的大大不同，与用户创新相比，制造商提供问题方案的代价会比较高。

3.2.1.5　最终结果

上述因素的最终结果是，制造商经常发现只为一个或少数几个用户进行定制产品开发是无利可图的。这种情况下，所需要的交易费用使得有合适能力的用户为自己开发产品更便宜。相反，在较大的市场下，固定的交易费用被分配到许多顾客，为整个市场生产而获得的规模经济效应可能是显著的。此时用户购买产品比自己创新要便宜。因此，当制造商遇到一个用户有特殊需求时，会有动力去进一步了解该需求的用户群体数量。如果答案是"很少"，定制制造商可能不会接受这个项目。

用户和制造商之间通常存在的所要满足的需求的相反动机，会导致双方的互动非常无效和不确定，双方都会隐藏自己最好的信息，并且试图控制对方为自己的利益服务。对于需求的普遍意义方面，精明的用户知道定制供应商对大市场的偏好，并试图劝说制造商让其相信"每个人都会正好需要我要求你做的"。而制造商，知道用户具有这方面的动机，因此会普遍愿意开发那些对市场需求有所了解的产品。用户同样知道制造商有生产包含他们现有问题解决技术的产品的强烈偏好；为抵御这种动机带来有偏好的建议的可能性，他们可能会试图在提供不同解决方案的许多供应商之间选择，并且/或者开发自己内部的可能解决问题的技术，并且/或者试图签订更完善的合同。

3.2.2　用户创新管理的管理学逻辑

传统的创新管理是制造商创新模式，用户是产品的最终接收者和使用者，不参与产品创新过程；创新由制造商主导，创新主体是制造企业内部的科研开发人员，制造商通过市场访问、市场调查和以往市场表现来获取用户需求信息。

在制造商创新过程中，制造商负责从调查用户需求、产品设计、构建原型到用户试用的整个产品开发过程，试错过程在用户与制造商之间循环进行，即用户进行试用，然后将试用结果传递给制造商，制造商根据用户试用情况进行改进，再把改进后的产品交给用户试用；整个试错过程在用户与制造商之间循环往复，直到用户满意为止。

需要注意的是，制造商和用户是供给者和需求者的关系，双方没有合作关系，用户通过使用产品受益，制造商通过销售产品获益，制造商要承担所有的创新风险。制造商提供给用户的是成熟的产品，用户反馈的是对产品使用后的意见和看法，用户处于被动地位，被动地接受制造商的市场调查，很少主动与制造商进行沟通。

但是，随着经济、技术的迅速发展，不同用户在自己所处的环境中解决问题或者在使用的过程中对产品的功能有全新的理解和认识，对产品的需求更为多样化，用户需求具有差异性。

个体用户或公司用户需要产品的种类越是不同，用户需求的差异就越大。如果用户需求的差异性很高，那么，只有很少的用户会倾向使用相同的产品。这样的话，大规模制造的产品就不可能精确地满足诸多用户的需求。规模制造商更愿意生产迎合多数人而不是少数人的产品，因为这样可以摊薄开发和制造过程中的固定成本。如果许多用户需要不同的产品，而且他们有足够的兴趣和资源得到他们想要的东西，他们就会受到激励去自己开发，或找一家定制工厂替他们开发。

因此，用户创新管理主要包括两方面的内容，一个是用户基于自身的需求，进行创新；另一个是制造商提供定制服务，为用户定制个性化产品。用户创新管理强调从用户出发、以用户为主导，而不是仅从制造商的角度进行产品创新，揭示了用户创新管理的实质。

由于定制制造商在为一个或者少量用户进行产品开发方面的专业性更强，因此，许多用户需要适合自身个性化需求的产品，愿意并且有能力为产品的开发买单的时候，更倾向于付费让定制制造商为他们开发一个完全满足个性化需求的产品。但当市场上拥有同类需求的用户较少时，定制制造商不愿承担该产品创新服务或提出很高的定制产品价格。在这种情况下，用户将倾向于选择自己完成产品创新开发，或通过整合制造商、供应商、科研机构等创新资源，由自己主导产品创新。

3.2.3　用户创新管理的定义和内涵

3.2.3.1　用户创新管理的定义

1988 年 Ericvon Hippel 在《*The Sources of Innovation*》一书中对于用户创新管理的概念进行了详细界定，认为用户与制造商和供应商一样，都是创新的重要职能源泉。三种创新职能源都能给企业带来创新收益，区别在于获利的方式不一样。在用户创新管理的范畴中，用户是创新思想的来源，用户出于满足自身需求的目的积极参与创新活动或改进现有产品。

经过几十年的研究和完善，"用户创新管理"的概念在这一定义的基础上也得到逐渐完善和丰富。融合众多专家、学者的概念评述，本书认为用户创新管理是一种强调用户全方位参与和互动的合作创新模式，用户受内、外部因素的激励积极主动地参与创新和改进活动，以期获得更好的产品和服务。同时，用户创新管理也是一种全新的营销理念，揭示了新经济时代消费者角色的转变。因此，用户创新管理实际上是指由用户参与和主导的创新，是用户受自身需求驱使和外部环境刺激而积极主动地发挥自身创新性的一种表现。

用户创新管理是创新理论的一个重要组成，与供应商创新和制造商创新共同完善了创新理论系统。其用户创新理论的提出对创新理论来说既弥补了传统创新理念的不足，又对现有创新研究理论和方法形成挑战和突破，同时不可避免地促使创新型组织在内部管理、组织机制、管理制度、创新扩散、角色定位等方面做出相应的变革和调整。

在内涵上，用户创新管理是指用户为满足自身需求而发起并组织的创新活动，强调用户较其他主体在创新活动中的主导或控制地位。在用户创新管理模式下，用户是创新过程中的决策者和支持者，其他创新主体具体执行和实施创新过程，并对用户需求负责。同时，需求条件、经济条件、技术条件、用户的可选择性和谈判地位等是用户主导创新存在的前提。

在实践上，用户创新管理作为装备制造业自主创新的有效模式，在巨型水轮机、高速铁路、高端液压支架、轨道交通装备、特高压输电等产业的技术创新和发展中发挥了重要作用。

3.2.3.2　用户创新管理的特征

作为一种与传统的制造商创新截然不同的创新模式，用户创新管理强调从用户主导的角度，而不仅仅从制造商的角度来考虑产品创新。用户创新管理有其独特的内在特征，使其具有比制造商创新更显著的优越性，主要表现为：

（1）创新主体是使用某一产品和接受某一服务的用户。用户是创新的主导者，具备创新所需的基本知识和技能。用户为实现自己的使用目的而提出新设想，实施首创的设备、工具、材料、工艺等，并对现有产品或工艺改进，实现创新。在诸如科学仪器、半导体和印刷电路板组装行业，有些创新的发端始于用户，他们首先察觉到需求，并通过发明解决相应问题，制造样机并证实样机的使用价值。

（2）创新动机是用户自身的需求。在当今消费经济时代，用户需求差异日益扩大，从而导致许多用户的需求未能得到充分的满足。当用户有某种需求时，由于市场较小，充满着不确定性，因此生产商未必愿意大规模生产能满足这种需求的产品或服务；或者由于市场调查本身的局限性，生产商往往很难准确了解顾客的需求，因此也就无法提供能满足用户独特需求的产品或服务。所以，用户需求得不到充分满足，是导致用户创新的直接原因。

同时，用户参与创新也是满足自己的其他内在需要，如获得学习机会、成就感、名誉、社会认可，以及满足个人兴趣爱好等，并从创新中获取成就感和愉悦感。

（3）创新管理具有时代特性。用户创新管理揭示了新经济时代制造商和用户之间关系发展的变化趋势，以及用户角色的转变，即用户由单纯的产品使用者、接受者转变为积极的产品创新者。用户不仅具有强烈的意愿参与创新，同时还具备创新所需的基础知识和技能，并善于通过各种网络通信技术获取创新相关信息和知识。从营销学的角度来看，这是消费者创新意识的觉醒，也是互动式营销方式的延伸和拓展。

（4）开放的创新成果使用方式和保护方式。个体用户不是通过专利及知识产权的方式来保护自己的创新成果，以维持对某项专有技术的控制，而是更倾向于向全社会无偿公开自己的创新成果，任何人都可以无偿获取、使用、模仿、修改、检验、完善和分享这些创新。但是，也有部分用户，在自身具有一定的风险承受能力和经济实力的基础上，对自身创新成果的市场潜力持乐观态度，则他们有可能转变自身的角色，从纯粹的创新者变为制造商，对自我创新的成果进行生产和制造，以期获得更多的市场利润。

3.2.4　用户创新管理的社会和经济学因素

通过对相关用户创新管理的研究，本书认为用户创新管理是多维度的和系统的。为了更为全面深入地研究用户创新管理的影响因素，主要从经济全球化背景的推动、市场经济的发展、现代网络通信技术的发展、用户团体的推动、制造商的支持等方面进行分析。

（1）经济全球化和开放式创新背景的推动。在经济全球化和开放式创新的大背景下，个体创造力与群体智慧迸发，消费者创新意识觉醒和营销观念开始转变，创新是必然趋势。随着世界各国商品、技术、人才、资金等要素的自由流动，消费者有更多的途径和方法获取创新资源和信息，通过学习和交流，掌握相应的设计知识和创新能力。同时，用户在购买和使用过程中通过各种网络信息技术影响产品的设计和销售过程，满足自身个性化需求、提高满意度和成就感。

（2）市场经济的发展。随着市场经济的进一步发展，用户的消费力和消费意识逐步提升，对产品的更新替换需求凸显。从需求方面看，随着顾客的基本需求得到满足，越来越多的顾客希望产品更多地适应自己个性化的需求。然而，有些产品的发展满足不了用户日益增长的个性化需求，而制造商也因为高额的生产成本无法为每一个用户提供定制服务，因此，用户往往更倾向于自己创新，改造产品，使之满足自身的需求。

随着市场经济的发展，人民更加推崇民主、和谐、生动、活泼的创新文化，推动了创新观念、创新组织、创新管理、创新机制、创新文化等内容的进一步发展，为用户创新创造了一个轻松氛围。用户在创新氛围中寻求和把握发展机遇，在创新中体验到乐趣和成就感。

（3）现代网络通信技术的发展。用户创新除了需要用户具备强烈的创新意愿之外，还需要用户具备创新所需的相关知识和技能，现代网络通信技术的发展使用户不仅有创新意愿，还有创新能力。网络通信技术发展对用户创新的外部推动作用体现在：① 为用户便捷地接触和掌握与创新相关的基本知识、信息和专业技能提供渠道和工具；② 为用户与企业的双向互动提供网络技术平台；③ 使用户群体之间可以跨越时间、地理位置的限制进行沟通交流，相互促进。创新观念的转变和通信技术的发展是用户创新必备的外部条件，同时也是用户创新的限制条件。市场竞争压力的增大迫使企业不得不充分利用各方资源，寻求新的创新源泉和方式，而用户创新正是符合企业利益需求的一种创新方式。

（4）用户团体的推动。能够得到他人的帮助是促进用户进行创新的一个重要因素。研究表明，用户团体的存在使用户交流更加方便，社团中互相帮助的现象非常普遍，使得用户创新时遇到困难可以更加容易得到解决。研究显示，创新用户比非创新用户更能够从各种渠道获得产品和技术的相关知识，例如他们热衷于跟其他用户交流，获得一些启发和帮助。

同时，用户进行的突破性创新不仅需要具备足够的创新资源，还需要高技术团队的配合。所以，如果能够得到来自用户团体的配合和帮助，用户创新者可以更容易地获取越来越丰富的创新和创新要素，用户也更加有可能去进行产品创新。

（5）制造商的支持。制造商的支持也为用户创新管理提供了便利条件。很多情况下，用户并不具备创新的绝对能力，在进行产品改进时遇到很多困难，制造商为其提供一定的帮助，推动用户的创新活动。可能的帮助包括为用户提供创新所需要的资源、建立在线交流平台、解答用户在产品创新中的问题等。制造商给用户提供的创新工具包和平台产品，使得用户能够通过自己使用开发工具来进行自己需要的产品的开发，推动用户的创新管理。

3.2.5　一般创新要素管理

对于创新要素的构成，目前相关研究并没有统一的界定标准。具体表现为：① 从系统与环境角度，认为创新要素包括主体、资源和环境要素，主体要素包括大学、科研机构、企业等，资源要素包括知识信息、人才、资金等，环境要素包括内部软硬件创新环境和外部创新网络环境等；② 从直接和间接角度，认为创新要素包括直接要素和间接要素，直接要素包括技术、人力资本和资金，间接要素包括基础设施、社会环境和宏观政策；③ 从结构和功能角度，认为创新要素包括主体要素、支撑要素和市场要素。虽然这些分类的视角和内容不同，但究其本质，都认为在创新体系里，创新要素主要由人才、资金和技术构成，本部分将针对这三种要素阐述创新要素的管理重点与管理方法。

3.2.5.1　技术管理

有效地获取、处理和利用技术信息对于技术创新项目的成败和效率具有决定性的作用，创新团队需要通过外部技术信息的获取与内部技术信息的交流充分了解有关技术信息，产生新的思想，提高研究开发效率，减少创新的失败。但在用户主导的创新项目中，合作创新主体多、组织复杂导致技术信息传输效率低，因此，技术信息的获取与传输是技术要素管理的重点。

（1）技术信息的来源。技术信息的来源主要由三种：技术开发者和拥有者、技术信息收集者、技术信息的载体。其中，技术开发者和拥有者是最初的技术信息源，是"源头"，而其他两种则是延伸性的技术信息来源。

1）技术的开发者和拥有者：大学、科研院所、同行制造企业、创新团队内部的开发机构等从事科学研究、技术开发所获得的科学发现、技术发明及技术改进等是技术源的最集中体现。这些机构和研究开发人员是控制技术信息的主体，一般也是知识产权的拥有者。

2）技术信息的收集者：以公共服务为目的的公共图书馆、不以营利为目的的信息中心和技术中介、经营性的技术中介组织等收集、储存着大量技术信息，成为技术信息的重要来源。

3）技术信息的载体：技术信息常用一定的载体表现出来，主要有媒体和有形物等形式。

（2）技术信息的获取与利用。

1）从公共信源获取技术信息，这是最便捷、最廉价的方式，要充分利用公共信源，创新团队必须建立相应的渠道，配备专门人员，培养信息收集、检索、分析能力。

2）采用反求工程获取技术信息。对现有的产品、设备进行测绘，可以获得有关结构、材料等方面的信息。不少企业就是采用这种方法实现仿制产品和设备的。采用这种方式需要注意两点：① 要避免侵权，对申请专利保护的产品和设备，在未获准之前不能仿制；② 要进行进一步的研究和开发，以获取更深入的技术信息，因为测绘仅能得到外在的技术参数，对于隐藏在内部的材料成分、部件之间的是匹配参数等比已得到，更不容易了解原理和技术诀窍。

3）从技术拥有者获取技术信息，这是直接的方式，相对而言，容易得到较完整的信息。通常采用的具体方式有：① 技术转让，由技术拥有方向技术需求方有偿转让技术。② 技术合作，与技术拥有方以合资、合作的方式结成共同体，共同进行技术创新，常见的具体方式有中外合作、产学研合作等。虽然从理论上说从技术拥有者直接获取技术信息可以得到完整的信息，但由于受技术信息的缄默性等因素的影响，技术受让方常常要花相当长的时间才能消化吸收引入的技术。因此，技术受让方要采取有效的措施使转让方的技术信息及时、完整地传输。

（3）创新团队中技术信息传输的组织方式。在用户主导的创新项目中，由于合作创新主体多、组织复杂、技术复杂程度高，技术信息的传输难度较大，因此创新团队中的技术信息传输需要依靠正式组织与非正式组织两种组织方式。

1）正式组织：创新团队设置专职机构与人员，负责收集、处理各类技术信息。

2）非正式组织：树立"全员信息管理"观念，让创新团队的每一个成员都能主动地为创新团队提供价值的信息。

（4）不同创新阶段技术要素管理的重点。一个工程（装备）创新项目的发展可划分为产品设计与试制阶段、转向生产阶段、工艺开发阶段和成熟阶段 4 个阶段，各阶段的技术要素管理的重点不尽相同。

1）产品设计、试制阶段。在用户提出创新需求后，产品的新设想往往会在用户、科研机构、追求领先的制造商、某些零件和原材料供应商的技术信息交流过程产生。此阶段，一方面，在创新团队内部要加强技术信息的交流，另一方面，还应通过灵活的传播渠道从外部获取相关技术信息。

2）转向生产阶段。在此阶段，技术要素的管理重点应从科研机构与制造商之间的技术信息传输转向制造商与供应商之间的技术交流，制造商需要从供应商那里获得工艺设计、降低成本的信息，此外，用户也需增强与制造商的技术信息沟通，提供需求信息。

3）工艺开发阶段。在此阶段，产品已定型，工艺创新成为技术创新工作的重点，制造商需从科研机构与供应商处获取工艺技术信息，同时用户及时为制造商提供反馈意见对产品渐进性创新也具有重要意义。

4）成熟阶段。在此阶段，一方面用户需要为制造商提供产品改进信息，供应商需要为制造商继续提供改进工艺的信息；另一方面，制造商也要与科研机构保持技术交流，注意最新的研究动向，连续接收技术演化信号。

3.2.5.2　人才管理

用户创新需要创新人才。创新人才是指具有创新精神和创新能力的人才。针对人才在创新项目中的重要性，注重人的创造性和能动性是创新要素管理的重点。它主要包括如下几方面。

（1）建立充分体现人才价值、灵活有效的薪酬制度。打破年龄、工龄、资历的限制，切实拉开分配档次，建立向骨干人才倾斜、真正反映人才市场价值的薪酬机制，并对创新所需的骨干人才实施股票期权计划，使其自觉将个人利益目标和创新项目长期发展目标趋于一致。同时，允许拥有高科技成果如个人专利技术和特殊管理才能的人如资本运作、市场营销专家以自己高质量的人力资本估价入股，确立人力资本的产权地位，分享用户创新项目带来的利润。

（2）建立多层次、多内容的人才激励机制。用户主导的创新团队在设计激励机制时，要注意掌握的原则：① 让团队人员分享创新成果的原则，让员工体验创新所带来的成功的喜悦；② 物质激励与精神激励相结合的原则；③ 短期激励与长期激励相结合的原则；④ 激励力度适度的原则，使每项激励措施都能收到预期效果。

（3）建立科学合理的人才培训开发体系。创新团队应加强人才培训开发力度，主要从以下两个层次上建立科学合理的人才培训开发体系：一是在满足创新项目需要的层次上，对各级各类人才加强相关的业务知识和技能培训；二是在团队成员个人发展需要的层次上，针对个人知识结构、专业技能结构等方面的不足，进行强化培训。

3.2.5.3 资金管理

资金是用户主导的创新活动得以顺利进行的前提和保证。对创新项目资金的管理主要包括确定影响创新项目资金的因素、确定资金总量（即投入规模）、确定资金的配置三个方面。

（1）影响创新项目资金的因素。影响创新项目资金的因素可以从内部因素和企业环境因素两方面进行剖析。内部因素主要包括用户及合作创新主体经营和资本运营状况、企业领导者对产品创新支持力度、创新团队技术开发人员素质水平的高低、创新团队整体技术水平（即物化技术和组织管理技术水平）。外部环境因素主要包括市场类型、技术机会和政策法规。

（2）资金投入规模的确定方法。

1）产品创新力需要延续法。参考过去实际数字，依据计划期的情况来确定计划期资金规模。使用此方法时，不能简单照搬过去数字，应很好考虑计划期情况的各影响因素变化，对投入资金额作适当的修正。

2）同行类比参考法。通过分析对比同类工程（装备）的创新费用，来确定本工程（设备）创新资金投入规模以及投入结构。在应用此法时应注意选好同类的对比工程（装备）创新，在任务、目标、策略、计划与统计方法等方面仔细地分析具体情况，仔细分析差别，从本创新项目的实际情况出发做出决策。

资金投入规模的确定应遵循的原则：① 连续性与稳定性原则，以保持创新项目的可持续性；②　总体性原则，要以创新项目的总体战略为依据；③量力而行原则，以确保现有资金用在关键处。

（3）资金配置。资金对创新活动的影响，不仅有一个总量问题，还有分配比例问题。创新项目必须合理配置资金，以保证构成产品要素的技术、市场、人才、管理各方面达到预期的效果。一般来说，创新资金的配置反映着构成产品要素各因素之间的重要性程度。在资金投入之前，按照产品创新程度分析资金投入后的效果，以此来确定各因素的相对重要性。根据确定的各因素的相对重要性，按一定比例配置资金。同时，还要进一步分析各因素内部的资金配置情况。例如，分配到技术因素资金，还要按照研究开发、工艺制造、质量控制、技术服务的重要程度合理分配技术资金。

3.3　用户创新管理的利基分析及保障机制

3.3.1　用户的低成本创新利基

3.3.1.1　问题解决过程

产品和服务开发的核心是问题解决。对问题解决本质的研究表明，此为尝试错误并反复试验的过程，也即试误的过程。

通过试误实现问题解决的过程可视为四阶段循环，在新产品或服务开发过程中一般要重复多次。首先，开发者遇到问题，并基于自身的知识和理解形成相关解决方案；其次，开发者制作实物或虚拟的问题解决方案，设计使用环境的原型；在此基础上，开始试验，即试行原型化的问题解决方案，观察结果；最后，分析试验结果，评价所获得的用于解决问题的信息，并通过试误进行学习。开发者随后利用这些新学习的结果来修改和完善问题解决方案，以便开始新一轮的尝试（见图 3－1）。

试误过程可以是正式的或非正式的，其基本原理相似，具体参见以下两个例子。非正式的试误过程以滑板用户遇到新需求，改进滑板为例。在循环的第一阶段，用户将遇到的需求和问题解决信息结合，产生创新设想："我厌烦了四轮溜冰，也许我将溜冰鞋上的轮子装在一块板上进行滑行会比较有趣。"第二阶段，用户将溜冰鞋拆开，将轮子装在板下，制作出原型。第三阶段，开始试验，登上滑板从山上滑行。第四阶段，用户在滑行的跌落中爬起来，开始思考滑行失败的原因并试图改善。

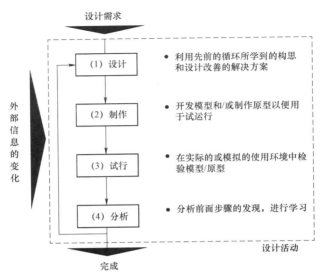

图 3-1　产品开发过程的试误循环

3.3.1.2　粘滞信息

任何试验结果的准确程度取决于输入信息的准确程度。如果输入信息不准确，试验结果必然不准确。

产品和服务开发的目的是创新提出一个或多个问题解决方案以满足真实使用环境中真实用户的需求。用户的需求信息和使用环境信息越完善、越准确，用于检验的模型就会越逼真。若信息可以无代价地进行传播，那么问题解决者所获得的信息质量就不会依赖于其所处的供需位置。但若信息的传播是有代价的，则结果会大不一样。例如，用户创新者会拥有比制造商更好的关于需求和使用环境的信息，究其原因在于用户创新者生活于真实的环境中且对于其真实的需求把握更好，而制造商创新者必须以一定的成本将这些信息转换为自己的信息，且有时不论花费多大代价都无法获得完全真实的信息。

这表明许多产品和服务设计者所需要的信息是"粘滞"的。信息粘滞程度根据将信息单元以信息搜寻者可使用的形式进行传播所需的代价来定义，该代价越低，信息粘滞程度越低；反之，粘滞程度就越高。

"粘滞"这个术语只是描述了结果，而不是原因。综合而言，导致信息粘滞主要有以下四方面原因：① 信息的隐含性，隐性的信息是粘滞的，因为其不能以低成本进行转换；② 该公司或者个体吸收新的、外部相关的信息能力；③ 问题解决者所需要的信息量；④ 信息所有者所预期的信息使用费。

3.3.1.3　信息不对称

信息粘滞很可能会导致难以消除的信息不对称。不同的用户和制造商可能有不同的信息储存，由于获取其未掌握却需要掌握的信息代价昂贵，会使得其基于已拥有的粘滞信息进行创新，以最小化成本。

在产品开发过程中，由于信息的不对称，用户往往依赖于其所拥有的关于需求和使用环境的信息进行创新；而制造商则很大程度上依赖于其专长的问题解决信息进行创新。在创新的研究中，这种差别很明显。雷各斯等人（Riggs & von Hippel，1994）研究了用户和制造商对两大类科学仪器的功能改善所做的创新，发现用户倾向于创新仪器的新功能，而制造商则倾向于创新或改良仪器原有的功能，以更加便利和可靠地服务用户。虽然用户和制造商对于创新的做法不同，但是并不能直接决定最终商业化后的创新产品或服务的盈利高低。

3.3.1.4　用户的低成本创新利基

正如用户和制造商这两个类别之间存在着信息不对称，用户个体之间也存在着信息不对称。

用户倾向于利用其已有需求信息和使用环境信息开发其创意，但由于各个用户的需求信息和使用环境信息的粘滞程度不同，所以用户之间就可能有不同的低成本创新利基。用户在其低成本创新利基中可以堪称是成熟老练的开发者，其通常是领先用户，在引发用户需求的领域和活动方面堪称"专家"。

由于用户进行试验所用的"开发实验室"主要是其使用的产品或服务所处的环境，所以其低成本创新利基可能会比较小。

需要注意的是，不论是公司用户还是个人用户若其决定绕开自己的"专长"活动领域，开发符合他人的不同于自己需求的创新时，创新的成本将会增加。因为为获得同样性质的创新环境，该用户需要进行与创新主题相关的投资开发，获得适用于开发和检验这些新问题可能解决方案的"现场实验室"，以深入理解该产品或服务使用者的需求。

3.3.2　用户创新团队的自我组织

用户经常能够创新，但是单个用户大都只有一项或少量的创新。用户较多愿意无偿公开其创新，若此时其可以以一定的方式方便其他用户获取创新信息，则这些用户整体"普遍无偿公开信息"的价值就可以提高，这就是"用户创新团队"的重要功能之一。

鉴于此，将"用户创新团队"定义为一个由相互联系的用户个体和用户公司组成的有目的的联结体，这些个体和公司通过面对面沟通、电子沟通或其他信息转换机制发生相互联系。其中的"团队"是指有目的的个体联结网络，能够提供交往、支持、信息、归属感、社会认同感。

在用户创新团队中，以用户为主导和核心，用户根据自身需求对创新项目进行评估，在创新决策中具有自主性，是创新活动的主动发起者。考虑到信息黏性以及信息的不对称性，用户创新团队具有较大的信息获取成本优势。

用户创新团队组织内部的创新文化较为自由，可有效激发创新人员的创造性与积极性，同时创新人员对市场有敏捷的洞察力，具有较强的信息消化能力和二次创新能力，且具有较强的应变能力，能够适时进行结构性或机制性的调整。

就用户创新团队的组织沟通方式而言，其通常拥有能促进创新速度和效率的工具和基础设施，运用这些工具和设施，用户得以开发、监测和扩散其创新。同时，用户创新社团中的用户也倾向于以协作和互帮互助的方式促进和实施创新。法兰克等人研究了四个运动社团中用户互相帮助创新的频率，发现这种帮助非常普遍。这种帮助现象是创新社团对社团成员的价值的重要体现。

3.3.3　用户创新管理的保障机制

用户创新可以减少用户和制造商之间的信息不对称，从而增加创新过程的有效性，最终一定程度上可以增加社会福利。鉴于此，用户创新管理的保障机制至关重要，可以确保用户创新管理的有效开展和不断完善。以下将分别基于政府、用户、企业三个视角阐释用户创新管理的保障机制。

3.3.3.1　政府

政府是各项政策措施的制定者和倡导者，因此也是实施用户创新的重要外部激励者。政府应当充分发挥政策引导和宣传推动作用，将用户创新纳入国家创新体系，制定相关政策、法规，宣传、倡导、鼓励和扶持用户创新，修改和完善相关知识产权法规和相应的用户创新补偿机制（例如设立用户创新基金、针对实施用户创新的企业减税退税等），为用户创新营造良好的发展环境，充分调动全社会的创新意识，促进用户创新发展。

3.3.3.2　用 户

用户是产品和服务的接受者和使用者。随着社会观念的转变，用户的创新意识和能力越来越强，在购买过程中的主导权也越来越大，尤其是企业用户。因此用户要充分发挥自身的创新潜能，善于利用各项外部创新资源和信息，主动寻找渠道将自身创新需求付诸实现，成为有意识的学习者和创新者。

3.3.3.3　企 业

在社会经济活动中，企业是有意识的创新者，企业为了获取竞争优势和利润源泉而不断进行创新。实施用户创新对于企业而言，有利于企业充分利用外部知识资源，充分开发用户创造力，进而有利于提高企业的创新效率和市场竞争力。因此，企业对于用户创新活动的支持最终是为了可以从中获取利益。为了充分挖掘用户创新价值，企业在加强自身创新实力的基础上需要采取以下措施激励用户创新：

（1）构建企业——用户创新交流平台，扩大创新思维来源，为用户实现个人创新诉求提供方便快捷的网络渠道（包括用户论坛、用户社区、企业网站等），广泛吸收群体智慧。

（2）培养有助于企业长远创新目标的领先用户，对领先用户进行管理、开发和利用，逐渐形成稳定的用户知识库和信息库。

（3）为用户提供相应的资金（例如创新奖励和研发补贴）和技能支持（例如进行知识交换、提供创新工具箱等），充分激发和挖掘用户创新思维。

3.4　用户主导的创新管理理论在特高压输电工程中的应用和进化

用户创新管理理论是从管理学角度强调最终用户有满足自身需求发起并组织创新活动的动力，是创新过程中的决策者、支持者，其他主体具体执行实施。以此思想为基础，同时考虑到最终用户（省电力公司）技术、资金等资源难以满足特高压这一世界级系统性创新需求，国家电网公司提出了业主与用户一体的总部全过程主导特高压输电工程创新管理思想。

　　用户（业主）主导的特高压输电工程自主创新管理思路为：在对特高压输电创新难度、国内电力科技和输变电设备创新能力系统研究的基础上，为在较短时间内突破特高压输电创新难题，满足能源电力发展的迫切需要，国家电网公司研究提出了"科学论证、示范先行、自主创新、扎实推进"的总体原则，确立了国家电网公司主导的特高压输电工程自主创新思路，即首先建设示范工程，依托工程、国家电网公司主导、产学研联合开发特高压输电技术，提高国内电力科技和输变电装备制造水平，验证特高压输变电系统性能和设备运行可靠性，在成功基础上扎实推进规模化应用，其核心是用户（业主）主导。

　　在工程实施层面，以自主创新管理思路为遵循，实施网格化管理：纵向以创新路径为主线，实现技术研发、工程设计、设备研制、试验验证、运维检修等各环节责任到位并贯穿到底，避免各环节形成管理壁垒和孤岛效应，使得工程实施过程中时间上无间断、人才上无短板、资金上无短缺、技术上无断层；横向以创新要素管理为主线，实现人才、资金、技术等多要素的横向管理到边，使得工程实施过程中各要素在不同阶段、不同环节实现无缝衔接。

　　作为发展特高压输电战略的倡导者和最终用户，国家电网公司拥有国内最先进的电力技术研发、工程建设和调度运行管理资源，积累了一系列组织实施超高压交直流输电重大工程建设和运行的经验，具有集中科研、设计、制造、建设和运行维护优质资源的能力和影响力。为早日实现特高压输电技术的创新突破，在政府大力支持下，国家电网公司承担起整合国内各方创新资源、主导特高压输电工程创新的重任，形成用户（业主）主导的特高压输电工程自主创新管理理论。推动实施"用户（业主）主导的特高压输电工程自主创新管理理论"，不仅可以保证满足我国电力安全可靠供应的需要，推动我国电力发展方式的转变，还可以攻克特高压输电技术这个世界难题。

第4章 用户（业主）主导的特高压输电工程自主创新管理体系

4.1 特高压输电工程用户（业主）创新管理的必要性和可行性

4.1.1 特高压输电工程用户（业主）创新管理的必要性

2004 年底，国家电网公司根据我国经济社会发展对电力需求不断增长以及能源资源与消费逆向分布的基本国情，研究提出了发展特高压输电战略。面对这一在世界上没有先例可循的重大系统性创新工程的挑战，国家电网公司提出并成功实施了用户（业主）主导的特高压输电工程创新管理。推动实施"用户（业主）主导的特高压输电工程创新管理"关系国家电网公司的基本使命和社会责任，是由我国能源电力领域和电工装备制造业的现状、发展需要等基本国情以及特高压输电创新难度所决定的。

4.1.1.1 保证我国电力安全可靠供应的需要

我国处于工业化、城镇化快速发展阶段，电力需求增长空间巨大。全国电力需求的 70%以上集中在中东部，但可用能源资源却远离电力需求中心，76%的煤炭集中在北部和西北部、80%的水能资源集中在西南部、绝大部分可开发的风能和太阳能也集中在西部和北部，供需相距 800～3000km，必须远距离、大规模输送能源。

尽管当时我国基本建成了以电压等级 500kV 为骨干的网架。国家电网公司经营范围内的 500kV 变电站已达 353 座、线路超过 10 万 km、平均站间距已接近 90km，但受固有输电能力限制，无法满足大规模、远距离输电需求，继续扩展面临短路电流和土地资源等刚性约束，迫切需要发展特高压输电技术，从根本上提高电网输电能力，确保电力安全可靠供应。

4.1.1.2　推动我国电力发展方式转变的需要

我国电力发展长期采用分省就地平衡模式、哪里缺电就在哪里建电厂的方式已难以为继：① 中东部人口密集、经济发达地区发电厂布局过于集中（燃煤电厂占全国 70%），导致土地资源紧张、大气环境恶化，土地、环境承载能力已近极限；② 能源输送过度依赖直接输煤，晋陕蒙宁等煤炭主产区就地发电外送比例不足 5%，输煤输电比例严重失衡，全国近一半的铁路运力用于输煤，导致"煤电运"紧张局面频繁发生，随着可用能源不断西移、北移，矛盾将更突出。

特高压输电容量大、距离远、损耗低，可连接煤炭主产区和中东部负荷中心，使得西北部大型煤电基地及风电、太阳能发电的集约开发成为可能，实现能源供给和运输方式多元化，既可满足中东部的用电需求、缓解土地和环保压力，又可推动能源结构调整和布局优化、促进东西部协调发展。加快推动特高压输电创新并推广应用，是从根本上破解电力分省就地平衡难题、实现能源资源在全国范围内优化配置、保证能源安全的战略途径。

4.1.1.3　攻克特高压输电技术世界难题的需要

2004 年底国家电网公司提出发展特高压输电之时，世界上还没有商业化运行的工程，没有成熟的技术和设备，也没有技术标准和规范。特高压输电代表了国际高压输电技术研究、设备制造和工程应用的最高水平，苏联和日本前后进行了十多年研究开发，建设了试验性工程，但均未全面解决核心技术难题。作为一个世界级的复杂的系统创新工程，我们在从规划设计、设备制造、施工安装、调试试验到运行维护系统开发特高压输电的全套技术并通过工程实际运行验证，面临着全面的严峻的挑战和风险。

我国电力技术和电工装备制造长期处于跟随西方发达国家的被动局面。特高压启动之初，国内 500kV 工程设备及关键原材料、组部件仍主要依赖进口，技术、标准和设备均建立在引进、消化、吸收基础上，创新基础薄弱、关键环节受制于人。基于我国相对薄弱的基础工业水平，在世界上率先全面自主研发开发一个全新的、最高电压等级所需的全套技术和设备，实现从模仿者、追赶者向引领者的历史性角色转换，极具挑战和风险。国内设备制造商、设计单位和科研单位均有抓住机遇参与特高压输电技术研发、实现跨越式发展的强烈意愿，但受自身薄弱的创新能力制约，难以独立完成这一艰巨的创新任务。国外大型跨国公司在市场前景不明朗、研发难度巨大的情况下，则普遍持观望态度。

国务院在 2005 年初听取国家电网公司汇报后，特别指出"特高压输变电技术在国际上没有商业运行业绩，我国必须走自主开发研制和设备国产化的发展道路"。对国家电网公司这一最终用户而言，迫切需要的特高压输电技术面临"不能买"也"买不来"的难题。作为发展特高压输电战略的倡导者和最终用户，国家电网公司拥有国内最系统、最先进的电力技术研发资源、工程建设资源和调度运行管理资源，积累了一系列组织实施超高压交直流输电重大工程建设和运行的经验，具有在全国范围内集中科研、设计、制造、建设和运行维护优质资源的能力和影响力。为在较短时间内实现特高压输电技术的创新突破、破解电力发展难题，需要也必须由国家电网公司承担起整合国内电力、机械行业等各方面的创新资源、主导特高压输电工程创新的重任。

4.1.2 特高压输电工程用户（业主）创新管理的可行性

国家电网公司探索创立了"依托工程、业主主导、产学研用联合攻关"的"特高压自主创新模式"，创建了两个三级体系，组织了强大的技术支撑团队（调动了 300 多家骨干企业，8000 千多名科技工作者），领先建立了"特高压技术标准体系"，培育造就了具有鲜明时代特色的"特高压精神"，由此奠定了特高压输电工程用户（业主）创新管理的三大基础。

4.1.2.1 特高压自主创新模式

"特高压自主创新模式"的基本特性为"依托工程、业主主导、产学研用联合攻关"，能够支撑在较短时间内完成世界级重大创新工程。"特高压自主创新模式"形成了科学、先进、严谨的创新管理思想和方法，构建了与其相对应的统一、严密、高效的创新管理体系和工作机制。该模式主要有以下七种优势：

（1）形成了科学、先进、严谨的创新管理思想和方法。提出了自主创新总体指导思想、路径图和技术路线，确定了工程建设总体目标和思路。

（2）构建了统一高效的组织体系。严密组织、创新构建了三级组织体系，提供了强大组织保障。

（3）建立了科学严谨的制度体系。周密策划、创新建立了三级制度体系，奠定了坚实制度基础。

（4）创新了科研管理工作机制。提出并贯彻"三结合"思想，集合资源、全面覆盖、强化支撑、推动互动印证、分步分级评审，动态协同推进科研攻关。

（5）创新了工程设计管理工作机制。大力推行"联合设计、集中攻关、专题研究、分步分级评审"工作模式，坚持设计全过程优化，严把设计质量关，充分发挥设计的系统集成作用，统领科研攻关、设备研制和现场建设。

（6）创新了重大装备国产化研制模式。研究提出并实施了"依托工程、业主主导、专家咨询、质量和技术全过程管控的产学研用联合"创新模式，以及坚持把安全可靠放在首要位置、从设计源头抓设备质量、严格过程控制和试验验证的指导思想，提出并实施"设备研制与监造三结合"，为成功开发研制全套领先世界的特高压设备并实现"一次投运成功、长期安全运行"的目标提供了重要的保障。

（7）创新了现场建设管理体制。采用专业化和属地化相结合的管理模式，集中优秀资源和力量，引入 A、B 角项目经理制，A、B 角监理制和现场试验监督制度全面实现了安全、质量和进度的有机统一。

4.1.2.2 特高压技术标准体系

遵循科研攻关、工程建设和标准化工作同步推进的标准化创新发展思想和工作原则，"特高压技术标准体系"由七大类 77 项标准组成，开创了"工程实践与标准化的有效结合，科研、工程建设与标准化的同步发展"的"国家重大工程标准化示范"，为特高压输电技术的大规模推广应用奠定了技术基础。

"特高压技术标准体系"已经在皖电东送淮南至上海特高压交流工程、浙北至福州特高压交流工程中全面采用。国际大电网委员会（CIGRE）和国际电气电子工程师协会（IEEE）先后成立由我国主导的 8 个特高压工作组，推动特高压标准国际化，我国的特高压标准已成为国际标准，为中国电力技术和设备走向世界创造了良好条件，为特高压输电技术的大规模推广应用奠定了坚实基础。

4.1.2.3 特高压精神

"特高压精神"具有鲜明时代特色，即"忠诚报国的负责精神、实事求是的科学精神、敢为人先的创新精神、百折不挠的奋斗精神和团结合作的集体主义精神"，为我国电力工业和装备制造业的科学发展提供了强大精神动力。培养了一大批具有"善于探索科学规律，敢于挑战科学高峰，勇于担当拼搏奉献"的世界一流的技术专家、管理人才和创新团队，为支撑未来发展储备了宝贵财富。

运用特高压输电自主创新管理的成功经验，我国先后在 ±800kV 特高压直流输电技术、特高压交流串联补偿技术、特高压交流同塔双回路输电技术、高端输变电设备制造技术等领域迅速取得了领先世界的一系列重大创新突破成果，进一步巩固、扩大我国在高压输电技术开发、装备制造和工程应用领域的国际领先优势。"特高压自主创新模式""特高压技术标准体系"和"特高压精神"展示了强大生命力，为实施特高压工程自主创新管理奠定了基础。

4.1.3　特高压输电工程用户（业主）创新管理面临的挑战

2004 年底，国家电网公司提出发展特高压输电时，相关研发工作主要面临三大世界性难题：

（1）国内外没有现成的经验可以借鉴。国外电网的最高电压等级为 750kV 等级。20 世纪 60 年代末 70 年代初，美国、苏联、意大利、日本、巴西、加拿大等国先后启动了特高压输电前期研究。经过 15～20 年的努力，苏联建设了试验工程，未能彻底解决大容量输电、雷电防护、电磁环境等核心难题，断续运行几年后降压至 500kV 运行，日本建设的特高压输电线路一直降压 500kV 运行。国外未能实现特高压输电核心技术突破，没有商业运行的工程，没有成熟的技术和设备，更没有可供借鉴的技术标准和规范。

（2）系统性研究开发特高压输电技术难度巨大。特高压代表了国际高压输电技术研究和工程应用的最高水平，达到了现有工业水平的极限，不是超高压输电技术简单的"放大样"。研发特高压输电技术是一个全面创新的系统工程，需要组织全面科研攻关，研究掌握特高压输电系统从规划设计、设备制造、施工安装、调试试验到运行维护的全套技术并通过实际工程验证，任务十分艰巨。

（3）国内工业基础与世界先进水平差距较大。有电以来的一百多年里，我国电力科技和装备制造一直跟随西方发展，技术、标准和设备均建立在引进、消化、吸收基础上，自主创新基础薄弱，关键环节受制于人。特高压启动之初，我国常规 500kV 工程的主设备及关键原材料、组部件仍大量依赖进口。国内高端设备市场一直存在被 ABB、西门子、阿尔斯通和日本企业控制、瓜分的风险，国内制造企业的产品质量、技术水平、综合竞争能力长期处于弱势地位。

基于我国相对薄弱的基础工业水平，立足国内、自主创新，在世界上率先全面研究开发一个全新的、最高电压等级所需的全套技术和设备，实现从模仿者、追赶者向引领者的历史性角色转变，这是我国电力工业发展史上从来没有遇到的情况，面临着极其严峻的挑战。如何在较短时间内实现突破，是既往经验和常规思路无法破解的，必须彻底解放思想，全面开拓创新，探索开创一条全新的自主创新之路。

4.2 特高压输电工程用户（业主）创新管理的总体思路

4.2.1 总体目标

开展特高压输电工程用户（业主）创新管理，旨在全面掌握特高压交直流输电系统关键技术，实现科研、规划、系统设计、工程设计、设备制造、施工调试和运行维护的自主创新，建设"安全可靠、自主创新、经济合理、环境友好、国际一流"的优质精品工程（目标体系见图4-1）。

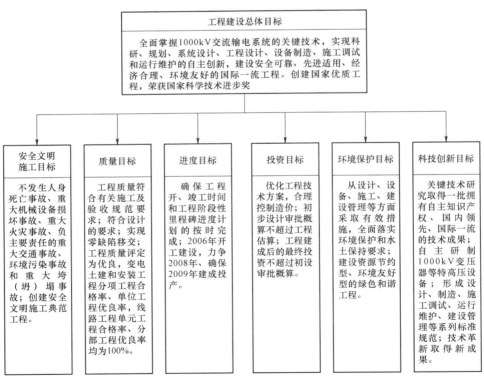

图4-1 工程建设目标体系

特高压输电工程用户（业主）创新管理总体目标：全面掌握交直流输电系

统的关键技术，实现科研、规划、系统设计、工程设计、设备制造、施工调试
和运行维护的自主创新，建设安全可靠、先进适用、经济合理、环境友好的国
际一流工程，创建国家优质工程，荣获国家科技进步奖。围绕总体目标，在特
高压输电工程的施工、质量、进度、投资、环境保护及科技创新六个环节分别
设立对应目标，以支撑特高压输电工程用户（业主）创新管理总体目标的顺利
实现。

安全文明施工目标：不发生人身死亡事故、重大机械设备损坏事故、重大
火灾事故、负主要责任的重大交通事故、环境污染事故和重大垮（坍）塌事故；
创建安全文明施工典范工程。

质量目标：工程质量符合有关施工及验收规范要求；符合设计的要求；实
现零缺陷移交；工程质量评定为优良，变电土建和安装工程分项工程合格率、
单位工程优良率、线路工程单元工程合格率、分部工程优良率均为100%。

进度目标：确保工程开、竣工时间和工程阶段性里程碑进度计划的按时完成。

投资目标：优化工程技术方案，合理控制造价；初步设计审批概算不超过
工程估算；工程建成后的最终投资不超过初设审批概算。

环境保护目标：从设计、设备、施工、建设管理等方面采取有效措施，全
面落实环境保护和水土保持要求；建设资源节约型、环境友好型的绿色和谐
工程。

科技创新目标：关键技术研究取得一批拥有自主产权、国内领先、国际一
流的技术成果；自主研制1000kV变压器等特高压设备；形成设计、制造、施工
调试、运行维护、建设管理等系列标准规范；技术革新取得新成果。

4.2.2 基本原则和思路

在对特高压输电创新难度、国内电力科技和输变电设备创新能力系统研究
的基础上，为在较短时间内突破特高压输电创新难题，满足能源电力发展的迫
切需要，国家电网公司研究提出了"科学论证、示范先行、自主创新、扎实推
进"的总体原则，确立了国家电网公司主导的特高压输电工程自主创新要求。
主要体现在四个方面，核心是用户（业主）主导。

（1）"用户（业主）主导"。打破常规输变电工程多主体分阶段负责的管理
模式，由特高压输电技术的最终用户（业主）主导创新全过程。特高压"创新

在中国""市场在中国"，由最终用户（业主）主导创新可在最大程度上充分发挥国家电网公司在电力技术研发和工程建设运行方面的整体优势、充分调动创新链各利益相关方的积极性、充分集中国内外的优势资源和力量，拉近创新成品与实际需求之间的距离，为创新过程赋予强大的原动力。

（2）"依托工程"。打破先行科技攻关、再推动科技成果转化的常规模式，在工程整体目标统领下，直接以工程需求为中心组织科技攻关、以科技攻关成果支撑工程建设，运用工程项目的系统管理方法组织创新，有利于保证创新各环节、各方面、各要素特别是各阶段的有机衔接，有利于保证创新所需的资源和力量投入，较好解决了"资金短缺""创新孤岛""成果转化""首台首套设备使用"等困难。

（3）"自主创新"。不走国外研发，国内引进、消化、吸收的路子，立足国内，自主研发、设计、制造、建设和运营。将试验示范工程作为特高压输电技术和设备自主化的依托工程，推动国内电力科技和电工装备制造产业升级和跨越式发展，为我国大规模推广应用特高压输电奠定物质基础。

（4）"产学研联合"。打破上下游技术壁垒、加强同行技术交流合作、关键共性技术协同攻关，千方百计、调用一切力量，充分发挥国内科研、制造、设计、试验、建设、运行、高校和专家团队的各方优势，弥补各单位独立研究开发普遍面临的创新能力不足困难，通过开放式创新凝聚资源、集中智慧，形成创新合力。

基于此，确立特高压输电工程用户（业主）创新管理的总体思路：坚持集团化运作抓工程推进、集约化协调抓工程组织、精益化管理创精品工程、标准化建设技术体系的"四化"基本原则，坚持"科研为先导、设计为龙头、设备为关键、建设为基础"的"二十字方针"，建立指挥统一、运作高效的组织体系和科学严谨、规范高效的制度体系两个体系，实施科研攻关和设备研制"两个三结合"，大力开展管理和技术"两个创新"，以工程里程碑计划统领全局，坚持安全第一、质量至上，严密组织、周密策划、精心实施、严格把关、有序推进。

4.2.3　创新管理的基本路径和要素管理框架

坚持"科学论证、示范先行、自主创新、扎实推进"基本原则，按照特高压输电工程用户（业主）创新管理的总体思路。确立特高压输电工程用户（业主）创新管理的基本路径和要素管理框架：从"基础研究—工程设计—设备研制—试验验证—系统集成—工程示范"全创新链条，从技术、设备、工程、试验、建设、运维、标准七个层面，从人才、资金、技术三项要素开展特高压输电工程用户（业主）创新管理，如图 4 - 2 所示。

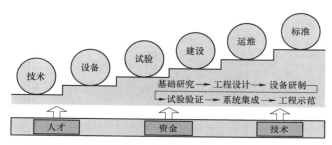

图 4 - 2　特高压输电工程用户（业主）创新管理路径

4.3　特高压输电工程用户（业主）创新的实施路径

本节所提的用户（业主）创新实施路径是用户（业主）创新管理理论在特高压输电工程项目中的具体应用，是理论向实践延伸的典型案例，解决了特高压输电工程在创新过程中各方面、各阶段、各环节的衔接问题，以及创新资金短缺、创新孤岛、成果转化、首台套使用等难题。以技术研发—工程设计—设备研制—试验验证—系统集成—工程示范的自主创新路径为主线，加上后期的运维检修、标准体系设定等环节，构成了特高压输电工程的项目系统管理方法的实施路径。

4.3.1　技术研发创新和管理

坚持以科研为先导，提出并贯彻"三结合"（自主创新与国外咨询交流、技术协作相结合，中间成果审查、专题审查与重大成果公司级审查相结合，关键技术研究与工程设计专题应用相结合）思想，集合资源、全面覆盖、强化支撑、推动互动印证、分步分级评审，动态协同推进科研攻关。

特高压输电技术不是超高压输电技术的简单"放大样"，工程规划设计、设备研制、建设运行的技术原则都必须建立在科研攻关的基础之上。我国发展特高压输电，既面临国际同行尚未解决的高电压、强电流下的电磁与绝缘关键技术世界级难题，又需应对重污秽、高海拔等特有严酷自然环境挑战，主要表现在：① 电压控制难度极大。特高压系统输送容量大、距离远，正常运行时，最高电压应控制在 1100kV 以下，沿线稳态电压接近平衡分布，但故障断开时，电压分布发生突变、受端电压大幅抬升，这些电压升高直接威胁到系统和设备安全；② 外绝缘配置难度极大。特高压系统外绝缘尺度大，空气间隙的耐受电压随间隙距离增大不再线性增加，呈现明显饱和效应，线路铁塔高、雷电绕击导线概率明显增加，我国大气环境污染严重、导致绝缘子在污秽情况下的沿面闪络电压大幅降低；③ 电磁环境控制难度极大。特高压线路、变电站构成的多导体系统结构复杂、尺度大，导体间相互影响显著，带电导体表面及附近空间的电场强度明显增大，电晕放电产生的可听噪声和无线电干扰影响突出；④ 设备研制难度极大。特高压设备包括变压器、开关等 9 大类 40 余种，额定参数高，电、磁、热、力多物理场协调复杂，按现有技术线性放大，会使得设备体积过大，造价过高，且部分设备无法运输，研制难度极大。为全面突破特高压关键技术难题，应重点开展以下工作。

（1）充分集合科研资源。采用"国家电网公司主导、产学研用联合攻关"的开放式创新模式，打破了各科研单位之间的壁垒和行业壁垒，组织中国电力科学研究院、国网电力科学研究院等电力行业科研机构，郑州机械研究所等机械行业科研机构，以及清华大学、西安交通大学等高等院校联合开展科研攻关，挖掘我国在电力科技及电工装备研制领域的创新潜能，发挥全国各方面专家的聪明才智，高度重视与国际同行特别是俄罗斯等国的交流合作，最大限度集中资源和力量，形成了创新合力，为突破特高压输电这一世界级难题、在更高水平上实现创新发展奠定了基础。

（2）全面覆盖工程需求。在深入进行国内外技术调研基础上，围绕特高压输电技术特征，国家电网公司研究制定了由 180 项课题组成的特高压交直流输电关键技术研究框架，组织各科研单位系统开展了覆盖工程前期—建设—后期全过程的规划、系统、设计、设备、施工、调试、试验、调度和运行等 9 大方面的科研攻关（见图 4-3、表 4-1），其中"特高压输电系统开发与示范"等 16 个课题为"十一五"国家科技支撑计划重大项目。在全面推进特高压系统大尺度、非线性电、磁、热、力多物理场作用下各类电工基础研究的同时，特别强化了工程应用研究，用于直接推动基础研究成果工程应用的专项课题占到总课题数的 40%。

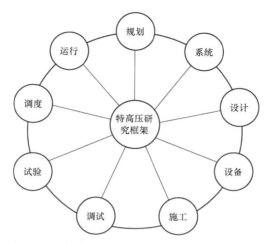

图 4-3 特高压交直流输电关键技术研究框架

表 4-1   重要技术攻关项目及参与单位

类别	关键技术攻关项目	参与单位
规划	特高压交直流输电系统网架电气计算数据平台研究	中国电力工程顾问集团公司，国网经研院，中国电科院，国网电科院，华北、中南电力设计院，华北电力大学等
	1000kV 级交流输电系统最高运行电压选择的研究	
	国家电网特高压骨干网架经济性分析	
	特高压典型网络结构的系统稳定与无功控制研究	
	1000kV 级交流输电工程规程框架研究	
系统	特高压交流工程稳态过电压研究	中国电科院，国网电科院，清华大学，中南电力设计院，东南大学，合肥工业大学等
	特高压交流工程电磁暂态研究	
	特高压交流工程外绝缘特性研究	
	1000kV 交流系统动态模拟及继电保护试验研究	
	特高压交流工程无功补偿配置方案研究	
	特高压线路对西气东输埋地管线电磁影响研究	
设计	1000kV 级交流系统工程设计研究	中国电力工程顾问集团公司，中国电科院，国网电科院，华北、中南、华东电力设计院，清华大学，西安交通大学，洛斯达航测有限公司等
	1000kV 交流输变电工程送电线路和变电站设计规范研究	
	1000kV 特高压变电站母线结构及配套金具的优化研究	
	1000kV 交流输变电工程线路及变电站设备电晕特性研究	
	1000kV 交流输变电工程电磁环境的研究	
	1000kV 交流输变电工程杆塔方案及基础型式研究	

续表

类别	关键技术攻关项目	参与单位
设备	1000kV 级交流输变电主设备规范的研究	中国电科院，西电集团，天威保变，特变电工沈变，西电西气，西安高压电器研究所，上海交通大学，华北电力大学，北京四方等
	1000kV 级交流输变电工程设备外绝缘特性研究	
	1000kV 交流输变电工程 GIS 核心技术的研究	
	1000kV 交流输变电工程变压器核心技术的研究	
	1000kV 交流输变电工程电抗器核心技术的研究	
	特高压保护与控制设备电磁兼容研究	
施工	1000kV 变电站母线/跳线施工工艺及工器具研究	国网交直流建设公司，中国电科院，国网经研院，电力工程造价与定额管理总站，国网电力建设定额站等
	1000kV 变电站大型设备安装方案的研究	
	1000kV 变电站构架组立施工方案的研究	
	1000kV 线路大直径多分裂导线张力放线的研究	
	1000kV 线路铁塔组立施工工艺研究	
调试	1000kV 特高压工程系统调试方案研究	中国电科院，国调中心，国网交直流建设公司等
	特高压工程启动及竣工验收规程研究	
	特高压工程快速暂态过电压（VFTO）特性研究	
	特高压交流变压器剩磁影响及去磁技术研究	
试验	特高压交流试验基地建设研究	中国电科院，国网电科院，湖北试研院，河南试研院，山西试研院，西安高压电器研究所，西安交通大学等
	1000kV 级交流输电设备交接及预防性试验的研究	
	特高压断路器型式试验方法研究	
	1000kV 主设备现场交接验收试验方法研究	
	特高压变压器现场局部放电试验设备研制	
调度	1000kV 交流系统运行特性及控制技术的研究	中国电科院，国调中心等
	特高压交流工程电压控制技术研究	
	特高压联络线功率控制技术研究	
运行	1000kV 级交流工程带电作业的研究	中国电科院，国网电科院，国网运行公司，国网湖北、河南、山西电力等
	1000kV 特高压输变电设备安全工器具的研制	
	1000kV 级交流输电设备运行检修技术的研究	
	变压器、并联电抗器和开关设备运行情况研究	
	特高压电气设备故障定位技术研究	

（3）大力强化科研支撑。为支撑科研、掌握技术规律，适应高压输电作为试验性学科的需要，国家电网公司组织设计、研制了高参数、高性能的高电压、强电流电磁等试验检测设备，投资建设了武汉特高压交流试验基地、北京工程力学试验基地、西藏高海拔试验基地和国家电网仿真中心，推动改造了西安高

电压、强电流试验站，推动升级了国内各主力设备制造厂的试验检测能力，在我国建成了世界上功能最完整、技术水平最先进的特高压试验研究平台，为高水平开展科研奠定了实证基础，彻底解决了缺乏高等效性试验手段这一长期困扰我国科研、设计和设备基础研究的大难题，打破了荷兰 KEMA、意大利 CESI 在高端试验领域的"硬"垄断。

（4）着力推动互动印证。根据工程设计、设备研制和现场建设需要，按照工程管理方法，全过程跟踪、统筹协调科研进展，制定相关科研课题、相关工程环节之间的科研资料交换与成果需求网络进度计划，通过科研设计例会、专题技术交流研讨、成果评审机制，一抓科研攻关与工程应用的互动印证，二抓不同科研课题之间的互动印证，三抓相同科研课题之不同科研承担单位之间的互动印证，动态协调、及时优化调整研究边界条件和思路方法，有效解决了各研究结果之间互相依赖、互相制约、互相迭代的难题，为在较短时间内高水平突破特高压输电关键技术难题创造了条件。

（5）实施分步分级评审。在课题研究各阶段，组织相关专业权威专家进行专项审查，紧密结合工程实践和试验验证结果反复研究论证，重大技术问题由国家电网公司组织公司级审查。通过专家研讨、中间评审、专项验收和公司级审查等多重把关形式，保证了科研成果的质量和水平。

4.3.2　工程设计创新和管理

建立由工程建设领导小组、分省建设领导小组和现场指挥部组成的统一高效的三级组织体系（见图 4－4），充分发挥国家电网公司的统一指挥和集约管控作用，充分调动各工程参建单位的积极性，充分发挥专家委员会的咨询把关作用，有效整合了国内电力、机械等各行业的科研、设计、制造、高校、建设、运行等 100 余家单位、5 万多名专家技术人员的资源和力量，为工程建设自主创新提供了坚强的组织保障。

建立由建设管理纲要、专项工作大纲和实施方案组成的科学严谨的三级管理制度体系（见图 4－5）。建设管理纲要是工程管理的总体策划、指导各项工作的总纲。专项工作大纲涉及科研管理、线路设计、变电设计、设计监理、设备监造、计划管理、财务管理、现场建设、系统通信、生产准备、工程档案和系统调试等 12 个方面，是各单项工作的指导性文件。实施方案是由设计、监理、

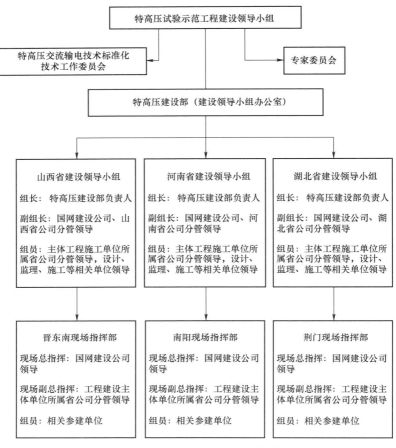

图4-4　工程建设三级组织体系

施工、监造、试验等参建单位编制的具体工作策划。这一基于特高压工程特点事先策划形成的完备制度体系为工程建设自主创新提供了坚强的制度保障。

在以上特高压工程建设三级组织与制度体系下，我国特高压工程的创新与管理工作主要从以下两个方面开展：

（1）以工程为基础，推进工程建设科学化和规范化。一是采用专业化和属地化相结合的管理模式，由公司系统的专业建设单位负责组织现场建设，由属地省电力公司负责征地、赔偿等地方关系协调处理，充分发挥了各方优势，集中主要力量解决施工技术难题、形成创新合力。二是推动工程建设管理规范化和科学化，开工前编写形成了"一大纲、五纲要、两策划、两方案"等十项制度，形成了系统的现场建设管理制度体系。三是以里程碑计划统领全局，建立

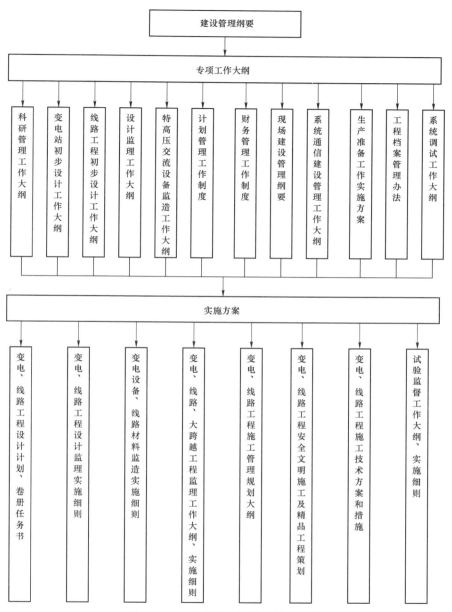

图 4-5　工程建设三级管理制度体系

工程管理信息系统，以及周例会、月调度会、专题会议协调机制和"时限预警"的进度管理机制，保证了工程建设各项工作统筹、协调、有序推进。四是大力开展施工技术创新，特高压设备体积和重量大，线路铁塔尺度大，导线采用大截面八分裂钢芯铝绞线，与常规 500kV 工程相比，现场施工安装难度大、工艺质量要求严、安全风险高。国家电网公司组织国内主力送变电施工队伍及相关设计、科研单位，以确保安全质量、提高工效为目标，开展协同攻关。研发专用施工机械和工器具，全面突破大体积混凝土基础浇注及预埋件精准定位、特高压设备现场安装及试验、双摇臂抱杆组塔、悬浮抱杆组塔、八牵 8 张力架线等施工难题，保证了工程需要，推动我国输变电施工技术水平迈上了新台阶。五是大力开展管理创新，创新引入 A/B 角项目经理制、A/B 角总监制和交接试验监督制，实现了质量控制、资源保障和人才培养的有机统一，为特高压后续工程建设储备了技术力量。六是建立健全安全质量管理体系和工作机制，坚持安全第一、质量至上，狠抓针对性的危险点源辨识和预控措施及其落实，坚持样板引路、试点先行，确保了工程安全、一次成功、一次成优。七是科学严谨组织启动调试，全面开展启动竣工验收规程、系统调试方案、线路参数测试方案等专题研究，经过多次专家会议论证和启委会审查把关后实施，对特高压联网系统和特高压设备性能进行了全面严格考核。

（2）在调度运行管理方面坚持超前策划、全过程介入的原则，提早完成生产准备。一是高标准组建运行维护队伍，研究制定了特高压运行、检修定员标准，并按标准择优选拔管理、技术人员，组建了试验示范工程的运行维护队伍。二是开展特高压运行检修技术研究，完成"1000kV 级交流输变电设备运行检修技术的研究"等 19 个子课题的研究任务以及"1000kV 交流特高压架空输电线路检修工器具的研制"等 4 个科技项目，为生产运行提供了技术保证。三是开展形式多样的技能培训，从安全生产、业务技术和管理培训三个方面，重点加强运行人员的模拟演练、工作技能和安全意识的培养，开展了专家讲座、制造厂内技术培训、特高压技术专题培训，通过考试后核发特高压运检人员上岗资格证。四是建立健全生产规章制度，明确了运行管理各项要求及任务，制定运行检修规程、规范、标准，使各项工作制度化、标准化、规范化。超前策划完成工器具和相关生产准备工作，研制并配备专用工器具，制作统一标识牌，组建了运行台账，完善了三省雷电定位系统信息系统，建立了运行备品备件库。五是运行人员提前介入科研攻关、工程设计、设备制造和现场建设的全过程，提出合理化建议，为工程安全稳定运行提供了保障。六是创新调度工作协调机制，编制了《特高压交流试验示范工程调度生产准备工作方案》，加强了专业管理工作和各级调度间的协调配合，完善了整体调度的常态工作机制。七是制定调度运行规程规定及技术标准，根据技术攻关成果，结合特高压工程生产实际，制定颁发了调度运行、运行方式、继电保护、通信等专业的标准、规程、规定。八是深化细化运行方式分析与校核，成立特高压联合计算工作组，依托数字/模拟混合仿真系统试验和实际电网试验，对联网系统运行方式、联络线功率控制、无功电压控制，以及运行维护策略、故障检测与诊断技术、带电作业技术、运行维护专用安全工器具、技术监督与运行管理体系、电网各类应急预案等进行了全面系统研究，为工程运行安全和大电网安全奠定了坚实基础。

4.3.3　设备研制创新和管理

坚持以设备为关键，研究提出"依托工程、业主主导、专家咨询、质量和技术全过程管控的产学研用联合"创新模式，以及坚持把安全可靠放在首要位置、从设计源头抓设备质量、严格过程控制和试验验证的指导思想，提出并实施"设备研制与监造三结合"（国内和国外相结合、驻厂监造与专家组重点检查相结合、全程监造与关键点监督见证相结合），为成功开发研制全套领先世界的特高压设备并实现"一次投运成功、长期安全运行"的目标提供了重要的保障。

（1）提出并实施产学研用联合创新模式。打破用户与厂家、厂家与厂家之间的技术壁垒，国家电网公司主导组建常态设备研制工作体系，由西电集团、特变电工、天威保变、平高电气、新东北电气等国内主力输变电设备制造厂，专家委员会和科研、设计、试验、建设、运行单位以及高校组成，强调技术交流与合作，同时注重借鉴国内外同类设备研制的经验、吸取教训，调动一切可能的资源和力量，组织关键共性技术联合攻关，推进开放式创新。综合运用市场、政策、资金、技术等各种手段，形成了创新合力。

以特高压变压器研制为例，研制初期，国家电网公司在国内外大量调研的基础上，牵头组织联合攻关、提出技术规范、确定总体技术方案和核心设计原则；设备招标采购阶段，以方案安全可靠性作为主要评价标准，打破常规大幅提高预付款比例缓解厂家资金压力，合同划分为研制和工程供货两个阶段并以产品通过型式试验作为研制阶段成功标志，研制不成功合同终止、厂家返还除材料成本外的合同资金，同时在合同中明确了联合研制、知识产权共享原则；

联合申请国家给予科研立项、税费减免等政策支持，同时在中间产品挂网运行、常规设备市场竞争等方面予以支持；产品设计阶段，组织国内资深专家和学者对产品设计进行全面审查，并针对一些设计关键点委托国外试验机构和国内专业机构进行独立校核，确保方案可靠；设备制造阶段，开展全过程监造控制质量，尤其是在试验过程中出现重大问题时，组织联合研制工作组与厂家共同进行故障分析和研究，对局部环节设计进行背靠背复核，及时研究解决存在问题，提高了国内对电力变压器技术规律的掌握深度，同时大幅提升了厂家常规设备的市场竞争力、实现质的飞跃。

（2）坚持把安全可靠放在首要位置。高度重视特高压设备研制任务的艰巨性、复杂性和挑战性，突出强调风险意识，动态进行风险的辨识、分析、评估和控制，将安全可靠第一的原则落实到设备选型、设备采购、技术路线选择与设备设计的每个细节，落实到人员选拔与培训、原材料选型与检验、加工环境、加工设备、生产制造、试验检验、运输安装和现场调试试验的每个环节，落实到参与设备研制的每个人员。

（3）大力开展科研攻关。由国家电网公司组织开展关键共性技术攻关，共享研究成果和开发经验，特别重视对计算机模拟计算结果和设计方案的试验验证，创造条件开展组部件试验、关键结构模型试验、裕度试验和特殊试验，组织中间产品在特高压交流试验基地和500、750kV电网挂网试运行、积累经验，掌握典型结构、材料在特高压、强电流电磁作用下的特性规律，验证新结构、新材料和新设计。

（4）坚持从设计源头抓质量。确保国产设备先天具有"强健"的体质。国家电网公司强势介入，高度重视设计过程的质量管理，从功能需求、设计原则、技术路线、产品结构抓起，全面调研、认真借鉴国内外同类设备研制的经验和教训，组织系统特性和设备特性多方案联合优选，统一技术路线和重大设计原则，组织厂家互校产品设计、优势互补，组织第三方专业机构进行专题设计校核，大量组建特定专业方向的固定专家团队进行设计审查，反复研究、反复论证，确定合理的设计方案，实现了设计的高可靠性和最优化。

（5）严格设备质量全过程管控。强力推进"三结合"（国内监造和国外监造相结合，驻厂监造与专家组重点检查相结合，全过程监造与关键点监督见证相结合），质量管控涵盖从原材料检验、生产制造、出厂试验到运输、现场安装和交接试验的各个环节。高度重视一线人员的选用、培训和管理，严格控制原材料组部件来源，严密控制加工设备和生产环境状态，加强工艺过程质量控制和检查试验，强力推广由工厂技术负责人带队的设计、工艺、生产和质监例行联合检查，全过程驻厂监造并延伸监造至关键原材料、组部件，高度重视设备成品运输和现场安装、试验阶段的质量管控。

（6）严把试验验证关口。推动提升高电压、强电流试验能力，研制高精度检测分析仪器，采用严格的型式试验、出厂试验标准与判据，开展真型试验和大比例抽样试验，进行极端工况安全裕度试验和长时间带电考核，研究开发现场试验技术和试验设备，严格把关。在技术复杂性、制造难度大幅提升情况下，特高压设备实现了比常规 500、750kV 设备更高的性能指标和质量稳定性，全面达到了设计预期。

4.3.4　试验验证创新和管理

研制了交接试验成套装置，开展了多项技术和设备的试验项目和工程。具有代表性和创新性的试验项目包括但不限于以下五类。

4.3.4.1　外绝缘特性试验

结合试验示范工程，针对各种线路塔型、不同变电构架，开展了工频电压、操作冲击和雷电冲击电压下的长空气间隙放电特性试验研究，以及长串绝缘子、支柱和大型套管的污秽闪络特性试验研究，为试验示范工程外绝缘设计提供了基础数据。

（1）在工频、操作冲击和雷电冲击电压下，进行了 1:1 模拟塔、试验示范工程用真型猫头塔和酒杯塔的长空气间隙放电特性和变电站空气间隙放电特性试验研究，获得了一系列特高压外绝缘特性试验曲线；针对特高压系统操作过电压波前时间长的特点，专门开展了波前时间 1000～5000μs 的操作冲击试验；应用长波前操作波（1000μs）试验数据作为绝缘配合基础，有效地降低了杆塔塔头尺寸。

（2）通过试验示范工程污秽调研及污秽特征分析确定了沿线的污秽等级。采用人工污秽试验方法，在武汉特高压污秽试验大厅（尺寸 24m×24m×26m），进行了全尺寸绝缘子串、支柱和套管的污秽特性试验，获得了污耐压与串长的对应关系，与 ESDD 的负指数幂关系。基于"污耐压法"确定了悬式绝缘子、支柱和套管的污秽外绝缘配置。

（3）采用有机外绝缘技术解决了重污秽地区外绝缘配置的难题。通过在武汉、西宁两地不同海拔下的对比试验，获得了海拔 2250m 及以下杆塔空气间隙放电电压和绝缘子串污秽外绝缘的海拔修正因数，满足了试验示范工程设计的需要。

4.3.4.2 过电压与绝缘特性试验

（1）结合试验示范工程，对特高压输电系统的内部过电压进行了计算分析，采用了并联高抗补偿、高性能避雷器、断路器装设合闸电阻等限制过电压综合措施，确定了工频暂时过电压限值为母线侧 1.3p.u.，线路侧 1.4p.u.，且持续时间小于 0.2s，2%相地统计操作过电压限值为线路 1.7p.u.，变电站 1.6p.u.。

（2）通过对试验示范工程进行全线雷电活动监测和走廊雷电参数分析，提出了线路差异化防雷方法，平原地区采用猫头塔，地线保护角 5° 以下；山区采用酒杯塔，地线保护角为−5° 以下。为降低雷电波侵入变电站的概率，在变电站 2km 进线段采用了三地线保护方案。

（3）结合试验示范工程变电站一次主接线形式，建立了特快速瞬态过电压（VFTO）仿真计算模型，分析了 VFTO 的频谱特性和幅值分布特性，确定了 VFTO 的限制方案：GIS 隔离开关采用投切电阻，HGIS 由于存在架空连接线，隔离开关无需装设投切电阻。

4.3.4.3 电磁环境试验

结合试验示范工程，在电磁环境限值、导线和金具电晕特性、线路电晕损失以及电磁兼容防护等方面开展了系统深入的研究。

（1）基于电晕笼和特高压户外试验场的开展的各类电晕特性试验，以及特高压交流试验基地带电考核试验，结合变电站和输电线路的噪声计算和电场仿真计算，完成了导线、各类金具和设备均压装置的优化选型。

（2）研制了光纤数字化特高压线路电晕损失测量装置，在特高压交流试验基地开展了电晕损失实时监测，获得了晴天、雨天和雪天等不同天气条件下特高压试验线段电晕损失实测数据，提出了特高压输电线路电晕损失计算方法。

（3）针对特高压工程与临近无线电台站的电磁兼容问题，通过三维仿真计算、飞行导航试验等研究，确定了特高压线路与各类无线电台站间的防护间距。

（4）通过现场试验和建模计算分析，确定了输电线路对管道感应电压的限值，正常运行下 60V，故障状态下 1000V，给出了特高压线路与输油输气管道的最小间距以及交叉角度推荐值。

4.3.4.4　带电作业技术试验

确定了我国交流 1000kV 输电线路带电作业各工况及作业位置的最小安全距离、最小组合间隙和绝缘工具最小有效绝缘长度，在海拔 1000m 及以下地区，当线路最大操作过电压为 1.72p.u.（无分闸电阻）时，边相带电作业最小安全距离为 6.5m；中相最小安全距离为 7.3m；耐张串为 6.6m。边相带电作业最小组合间隙为 7.2m；中相最小组合间隙为 7.4m；耐张串为 7.7m；提出了带电作业的安全防护技术要求以及加装保护间隙作业方式。

4.3.4.5　一系列交接试验标准和规程编制

自主编制了 GB 50150—2006《电气装置安装工程电气设备交接试验标准》、GB/T 50832—2013《1000kV 系统电气装置安装工程电气设备交接试验标准》及 Q/GDW 310—2009《1000kV 电气装置安装工程电气设备交接试验规程》。常规试验对象包括 1000kV 变压器本体、调压补偿变压器、1000kV 电抗器、1000kV 避雷器、站用电源变压器、互感器、交流 SF_6 GIS 等电气设备，特殊试验包括 1000kV 变压器局部放电测量及交流耐压试验、1000kV 电抗器绕组连同套管外施交流耐压试验、1000kV 电抗器振动和噪声测量试验、GIS 主回路耐压和局部放电检测试验、线路工频参数测量试验、1000kV 计量互感器特殊交接试验等。

4.3.5　现场建设创新和管理

由于特高压输变电工程规模大、参与主体复杂、项目环节众多、施工难度大，传统的现场施工管理方式也有诸多不适用性。国家电网公司在现场建设环节也提出了许多创新管理方法。主要包括创新的管理模式、系统的管理策划、详尽的管理举措等方面：

（1）构建了由国网交直流建设公司本部按专业分工负责管理、业主项目部负责组织实施的建设管理模式，同时将组织策划、科研、合同、资金、计划、环保、水保、信息、档案、创优、新闻、宣传、交接试验、竣工预验收、设计变更、激励考核等工作纳入本部统一管理，将安全、质量、进度、造价、技经、劳动竞赛、精神文明创建、施工工艺创新等以业主项目部为核心实行分层管理、分工负责的管理模式。国家电网公司总部行使项目法人职责，项目实施阶段实行了国网特高压部抓总统筹、总部相关部门按职责分工负责协助国网特高压部工作，委托国网交直流建设公司、国网信通公司、国网物资公司等专业公司进行专业管理，相关省级电网公司负责所在地境内工程的前期准备、四通一平、建设环境协调和拆迁赔偿等工作，形成了总部牵头统筹、专业公司和属地公司相结合的工程建设管理模式，成立工程建设管理的现场指挥部，国网交直流建设公司为现场建设指部的指挥长单位，其他建设管理单位为副指挥长单位，相关招标确定的设计、监理、施工等参建单为成员单位。由国网交直流建设公司代表建设管理单位组建业主项目部。

（2）针对工程建设管理职责、管理内容、任务要求，进行了全面的、系统的、有针对性的系统策划，包括管理理念、思路、目标体系、制度体系、专业策划等。

1）建设管理理念。国网交直流建设公司奉行"没有最好、只有更好、管理提升永无止境"的管理理念，贯彻落实国家电网公司"努力超越、追求卓越"的企业精神。奉行管理水平要求与工程本身的内在要求相适应的理念，落实"核准即开工、开工则有序推进、务期必成、一次启动成功、长期安全稳定运行"的总要求。

2）建设管理思路。全面贯彻落实国家电网公司确定的"集团化运作抓工程推进、集约化协调抓工程组织、精益化管理创精品工程、标准化建设构技术体系"的总思路和"统一规划设计、统一技术标准、统一设备选型、统一工程招标、统一调试验收、统一建设管理"的基本方针。本着"科研为先导、设计为龙头、设备为关键、建设为基础、安全可靠为第一要求"的原则，建立"指挥统一、分工明确、责任清晰、运作高效、协作有力"的组织体系，健全"覆盖全面、逻辑严密、相互支撑、专业协同、过程管控、总体协调"的制度体系，坚持"安全第一、质量至上、保障进度、合理造价"的工程管理基本要求，严格履行基本建设程序，认真按社会主义市场经济规律办事，充分调动各参建单位的积极性，各司其职，各负其责，信守合同，团结协作，超前统一策划，分头分步实施，样板引路，示范先行。统一技术标准、统一工艺规范和标准化作业，实施全过程、全方位管控，做到"依法开工、有序推进、务期必成、一次启动成功"，以开展全员劳动竞赛等活动为载体深化现场管理力度，搭建统一的工程建设管理信息平台，实现管理信息化，提高工程管理的效率与效益。

3）目标体系。国家电网公司确定的管理目标，即：建设"安全可靠、自主创新、经济合理、环境友好、国际一流"的优质精品工程，全面掌握特高压交直流输电系统关键技术，创建国家优质工程。国网交直流建设公司对现场建设管理目标细化分解，形成 10 个方面的目标体系。具体细化目标的核心内容如是：安全做到七个不发生，实现"零"事故；质量做到分项工程合格率和单位工程优良率均达到 100%，标准工艺 100%应用，实现"零"缺陷移交生产，创国家优质工程最高奖；进度做到按期投运，实现"零"延误；投资做到单项和总体均不超概；科研做到科研任务全完成，成果转化应用率达到 100%；环评报告批复要求全落实，指标全实现，高质量通过环保专项验收；水保批复方案中各项要求全落实，水保指标全实现，高质量通过水保专项验收；工程档案与本体工程同步形成，保证工程档案完整、准确、系统、规范，高质量通过档案专项验收；技术创新目标是全面应用"三通一标""两型一化"变电站和"两型三新"输电线路研究成果，积极推广"四新技术"应用，大胆进行技术革新；主要建设成果目标：建设一个国网优质品牌工程，出版一本科研成果专著，出版一本论文集，形成一本施工方案集，编辑一本标准施工工艺手册，编写一本高水平的工程总结，编辑一本工程建设管理画册，锻炼培养一批高素质的特高压工程建设管理人才。

4）制度体系。形成了一套涵盖工程建设管理各方面、各环节的、完整的工程建设管理制度体系，达到了凡事有章可循的程度。各个工程开工前经过缜密研究，系统规划，一般以"特高压交直流输电示范工程建设管理工作大纲"为统领，以《变电工程管理策划》《线路工程管理策划》2 个专业策划和《安全文明施工总体策划》《工程创优规划》《环境保护和水土保持管理策划》《强制条文管理策划》《现场对标评比实施办法》5 个专题策划为支撑，辅之《项目管理流动红旗策划》等涉及各个专业、环节的基本策划，加之业主项目部进一步细划的策划文件，以及设计、施工、监理按要求进行的各类策划共同构成策划文件体系。

（3）提出了详尽的现场管理举措，确保工程项目安全、有序推进和高质量、高水平、按要求完成。安全管理方面，建立健全安全管理体系，切实强化各级安全责任制，以施工安全风险量化分级管控为主线，以安全检查督察为抓手，建立"管理行为规范化、分析总结制度化、风险识别程序化、过程管控专业化、隐患排查常态化、评价考核标准化"的常态工作机制，正确认识并处理好安全与质量、进度、成本的关系，全面、全员、全过程、全方位开展安全管理。质量管理方面，始终坚持"百年大计、质量至上"的工作方针，建立健全质量管理体系，全面推行标准化管理，以全员、全过程、全方位创优管理为主线，以标准工艺宣贯落实为抓手，以关键环节和关键设备质量管控为重点，持续提升工程质量和工艺水平，防治质量通病，严把各级质量验收关口，确保实现工程"零缺陷"移交。进度管理方面，紧密围绕进度计划编制和执行开展。工程开工前，坚持以里程碑计划为统领，以本体工程进度计划为关键路径，以关键节点为控制点，科学编制工程计划。工程建设中，以现场施工进度计划管理为核心，以施工图纸交付、物资供货等计划管理为抓手，以计划完成情况通报为手段，坚持计划的刚性，强化过程管控，及时掌握计划执行，适时采取纠偏措施，确保工程各环节协调推进、工程计划进度适度超前完成。物资管理方面，建立了以业主项目部为现场物资管理实施主体、计划与物资部综合协调和保障、其他职能部门纵向专业指导和监督的扁平化管理体系，建立健全了物资现场管理制度，编制、完善了《特高压工程物资现场交接验收工作细则》《特高压工程乙供设备管理办法》《调试期间设备供应商现场管理办法》等现场物资管理办法。

4.3.6 运维检修创新和管理

为有效解决我国特高压输电线路运维存在资源配置不合理、专业化管理能力不够突出、电网安全可靠性差、检修效率低 4 个方面主要问题，重新设置组织机构、划分业务界面，并采取"以设备全寿命周期为主线，设备状态管理、设备技术标准管理及技术监督管理为支撑，检修专业化集中管理，运行维护一体化管理，积极开展非核心生产业务外包"的运维检修管理模式。

（1）组织架构重新设计，业务界面重新划分。根据业务需要，组建了一个专业化检修公司，将部分地市公司相对充裕的人员划拨至检修公司，补充进入检修公司的运检班、带电作业班、无人机巡检班，负责原属于地市公司的输电线路 C 级及以上大修项目和技改项目及无人机巡检项目；地市公司根据运维特高压输电线路工作量的大小，重组输电运检工区的班组构成，将原本的运检班、检修班及带电作业班重新组织，组建适合运维一体化要求的运检班，负责全省特高压输电设备运维一体化工作，负责线路通道运维、带电检测、缺陷管理、事故处理（大型事故先期应急处置）等工作。同时，除了核心业务外，在企业自身资源、能力不具备的情况下，还应最大限度地利用和整合社会化资源，积极开展非核心生产业务的外包。

为解决现行特高压输电线路运维专业化管理能力不够突出的问题，应充分发挥电科院运行维护技术支撑的职能，组建状态评价中心，负责特高压输电设备的在线监测、CBM 状态评价、状态信息管理及状态评价复审工作，牵头组织检修公司及地市公司提前介入特高压线路建设工作，加强技术监督，积极参与工程可研、初步设计、施工图审查工作，结合线路所处自然地理条件、经济发展情况和已有的运行经验，优化部分区段的线路走向、杆塔与绝缘配置，满足后期特高压线路的运行要求；同时，由检修公司牵头汇总各个地市公司上报的特高压输电设备大修、技改项目需求，统一委托可研、设计，积极推行运维检修作业标准化工作，按照"通用性强、模块化高、可操作性强"的要求，编制及运用运维检修标准化作业指导书（卡）。

为解决现行特高压输电电网安全可靠性差、检修效率低的问题，应强化设备全寿命周期管理，积极运用在线监测和状态检修方式，地市公司运检班通过加强日常巡视、带电检测及在线监测装置的巡视提出初步状态评价，状态评价中心进行状态评价复审和提出检修意见，可以有效保证检修质量，提高检修效率，延长设备使用寿命；同时，在检修公司中推广带电作业，最大限度地减少设备检修停电时间；此外，由检修公司统筹安排停电计划，力争利用一次停电机会完成防污闪、防风偏、防冰雪等技术改造和综合大修项目，提高设备可靠性和电网运行安全性，有效降低检修工作的安全风险。

（2）构建科学有效地特高压输电工程运维技术与管理体系。主要包括特高压输电技术监督及体系，输电在线监测系统与状态检修的应用、运维、检修标准化作业，直升机、无人机和人工协同巡检模式的推广应用，积极开展非核心生产业务的外包。

1）特高压输电技术监督及体系构建。特高压输电技术监督是一项全方位、全过程的技术监督管理工作，要求在输电设备（如导地线、金具、杆塔、绝缘子和接地装置等）的设计选型、监造、出厂验收、包装运输、现场安装、现场验收、运行和检修等全过程，以及防雷害、防污闪、大跨越段、防覆冰舞动和防风偏等主要专项技术监督在勘测设计、施工验收、运行维护等环节，需全面开展技术监督工作。

特高压输电技术监督要以专项技术监督为基础，以单一设备技术监督为手段。为实现特高压电网的安全、可靠运行作保障的目的，特高压输电技术监督可通过建立基于 Intranet 技术的技术监督网络、在线监测数据管理系统以及紫外、红外检测数据管理系统等先进的专业技术监督手段和平台开展单一设备技术监督，将专项技术监督的技术、方法应用到具体设备的监督工作上，促进每个具体设备的全寿命得到覆盖各个环节的技术监督；并选用有较强的理论知识、较高技能水平，且实践经验丰富和办事公正的线路专业技术人员组建技术监督队伍，畅通工程设计、制造、建设、运行、技术监督队伍的沟通联络渠道，促进技术监督体系的建立及工作的实施。

2）输电在线监测系统与状态检修的应用。输电在线监测系统具有可视化管理、安全预警、辅助决策等功能，可实时远程监控特高压输电设备的各项指标参数，根据相关数据分析进行设备状态评价，动态调整检修策略，开展设备状态检修。结合特高压输电线路设备特性及沿线的气候环境特点，提高特高压输电线路运维的工作效率，需开展在线监测工作。

a）鉴于特高压输电线路外绝缘爬距选取保守以及环境污染的日益严重，需在污秽严重区段装设绝缘子污秽监测单元，开展污秽程度监测，加强外绝缘状况监测。

b）鉴于特高压输电线路在迎峰度夏期间电流大及负荷率高的特点，需在平原地区的耐张塔上装设导线温度监测单元，开展负荷高峰期导线温度的在线监测。

c）在特高压输电线路的关键区段（如大跨越区段、通道下方活动密集区、采空区等）和气象条件恶劣的杆塔上加装图像视频监测单元及微气象监测单元，积累运行数据。

d）在特高压输电线路穿越冰灾多发区段，需安装覆冰监测单元，实时监控冰雪天气下的导线覆冰状况。

e）由于受输电线路通道限制，特高压输电线路走向需通过高山大岭、恶劣地质区，需在大档距、大高差、相邻档距相差悬殊等区段装设微风振动监测单元，开展特殊区段的微风振动在线监测。

通过利用在线监测主站系统提供的功能，运维人员就可实时监视在线监测的数据和设备状态，主要工作过程见图4-6。

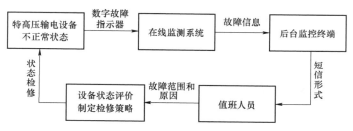

图4-6　在线监测与检修过程

此外，在日常巡线、特殊巡线时，积极开展特高压输电线路紫外、红外带电监测，加强监控合成绝缘子及耐张线夹金具发热情况，是特高压输电线路在线检测的重要手段。红外成像、紫外成像检测是一种遥感诊断技术，具有不停电、不取样、不接触带电体、安全可靠、快速高效等特点，利用红外成像检测技术对特高压输电设备进行在线发热检测，利用紫外检测仪特高压输电设备进行在线放电检测，同时与计算机及在线监测装置的检测技术相结合，能及早发现肉眼所不能发现的异常情况，能快速巡检输电线路设备上的各种缺陷以及故障点，进行有效的状态维修。

3）运维、检修标准化作业。为强化特高压输电线路生产现场标准化作业，规范现场运维检修人员行为和各项作业流程，真正实现生产现场的规范化、标准化和程序化，根据《国家电网公司关于现场标准化作业指导意见》，运维检修单位应对特高压输电线路运行日常巡视、维护和检修等进行标准化作业。标准化作业是针对现场每一项具体的作业过程，按照电力安全生产有关法律法规、技术标准、规程规范的要求，对作业计划、准备、实施、总结等各个环节进行细化、量化、标准化、程序化，明确具体作业的方法、步骤、措施、标准和人员责任的全过程控制，可以保证作业过程处于"可控、能控、在控"状态，不出现偏差和错误，以获得最佳工作效果。

4）直升机、无人机和人工协同巡检模式的推广应用。随着特高压电网及配套送出电网的日益扩大，巡线的工作量也日益加大，相应的巡检人员却在零增长甚至负增长。同时，以往的高压输电线路运行管理模式和常规作业方式劳动强度大、工作条件艰苦，而且劳动效率低；遇到电网紧急故障和异常气候条件下，线路维护人员不具备有利的交通优势，只能利用普通仪器或肉眼来巡查设施。

特高压电网适时引进了直升机、无人机和人工协同巡检这种先进、科学、高效的电力巡线方式。直升机、无人机巡检的开展，能延伸运维检修人员的视觉，通过对输电线路进行定期，或状态巡视检查，掌握和了解输电线路的运行情况以及线路周围环境和线路保护区的变化情况，不仅及时发现和消除隐患，预防事故的发生、确保供电安全，还能减轻劳动强度、提高巡视效率和质量，弥补人工巡检的不足。在无人机、直升机巡检特高压输电线路时，巡视人员运用望远镜、照相机、机载可见光镜头跟踪记录导地线、杆塔、金具、绝缘子等部件的运行状态、线路走廊内的树木生长、地理环境、交叉跨越等情况，同时进行跟踪录像；利用机载红外成像仪对线路上的导线接续管、耐张管、跳线线夹、导地线线夹、金具、防振锤、绝缘子等进行拍摄，分析数据，判断其是否正常，尤其是引流金具发热、合成绝缘子内部损伤发热、瓷质绝缘子零值等线路上的一些隐蔽缺陷，为实现特高压输电设备在线运行状态检测奠定扎实基础。

5）积极开展非核心生产业务的外包。生产业务按照与电网安全运行的关联度、业务外包管控难度以及内外部资源业务承接能力等因素考虑，分为核心业务、常规业务和一般业务，具体如表4-2～表4-4所示。

表4-2　　　　　　　　生产核心业务范围

分类	具体工作
线路设备运维	工作许可及验收
	铭牌维护
	污秽测量、红外测温、带电测零等常规检测业务以及特殊区段的运行管理

续表

分类	具 体 工 作
线路设备运维	线路设备专业巡视（杆塔、导线、地线、绝缘子、金具、基础、接地装置等）
	各类运行管理工作、生产管理信息系统数据维护
线路设备检修	常规带电作业

表 4-3　　　　　　　　　生 产 常 规 业 务 范 围

分类	具 体 工 作
线路设备运维	杆塔、基础、导地线、绝缘子、金具的定期检查和检测
线路设备检修	特殊带电作业（新带电技术应用）
	杆塔改造、导地线更换、调爬清扫以及线路防雷、防污闪、防风偏、防舞动等技防措施的安装，线路通道巡视、清障、防外破等电力设施防护业务

表 4-4　　　　　　　　　生 产 一 般 业 务 范 围

分类	具 体 工 作
线路设备运维	感应场强测量、接地电阻测量及处理、大跨越线路振动测量
	危险源监控、警告牌安装、通道巡视、清障、防外损宣传
	航空照明设施维护、线路拦河拦道
	杆塔基础维护加固、修筑护坡
	杆塔油漆、防腐处理、绝缘子防污喷涂，大塔及辅助设施维护和环境巡视
线路设备检修	绝缘子停电测试、清扫
	杆塔警告牌、防鸟装置等附属设施安装维修

为充分利用国家电网公司内外部资源，加强电网生产业务外包工作全过程管理，规范开展业务外包，落实电网安全生产各项规定和要求，确保电网设备安全稳定运行，根据《国网公司生产业务外包工作管理规定》[国家电网运检（2012）798 号]的要求，特高压输电设备运维检修可以充分利用社会资源和社会化服务，开展属于电网设备运维检修业务范围的工作，但核心业务不得进行业务外包。

4.3.7　标准体系创新和管理

基于创新成果大规模商业化应用的需要，以"科研攻关、工程建设和标准化工作同步推进"为原则，力主依托工程、自主创新，建立全面系统的特高压标准体系。

在国家电网公司推动下，国家标准化委员会批准在特高压试验示范工程建设领导小组下设立标准化工作机构，2007 年 2 月成立了特高压交流输电标准化技术工作委员会，由国家电网公司、中电联、中机联、国内各方面的专家学者组成，依托工程建设，结合关键技术研究和工程应用，开展特高压交流标准化工作。

结合科研攻关成果和工程实践，研究提出了由七大类 77 项国家标准和能源行业标准构成的特高压交流技术标准体系并通过实际工程验证，全面涵盖系统集成、工程设计、设备制造、施工安装、调试试验和运行维护等各方面内容。目前，已发布了国家标准 29 项、能源行业标准 29 项，形成标准（报批稿）14 项。下面主要对特高压直流和交流标准体系的建立原则与结构体系进行介绍。

（1）特高压直流标准体系的构建。

1）标准体系的建立原则。① 特高压直流输电标准体系不仅能满足当前我国 ±800kV 直流输电工程的需要，并且还要对未来我国将建的多条特高压直流设计和建设、设备制造企业、研发部门以及检测等多方面具有指导作用。② 特高压直流输电标准体系要充分反映我国特高压直流输电设备和设计的研究成果。③ 特高压直流输电用设备和设计标准体系应该是开放性的，在通用要求、检测方法等方面，能与国际接轨，尽可能采用或者部分采用国际标准；对于能借鉴已制定的直流设备的标准，尽可能引用相关内容。④ 特高压直流输电用设备和设计标准体系既要在指导我国直流输电工程方面发挥作用，又要经过示范工程运行验证，不断修改完善，逐步纳入高压直流标准体系中。

2）标准体系的结构。标准体系采用层次性结构，从本质上反映标准化对象内在的通用与具体和共性与个性的辩证关系。层次越高的标准，反映的是通用性、共性和基础性；层次低的标准，反映对象的具体性和个性。针对研究对象，本体系分为 3 个层次：基础标准、方法标准、产品标准。体系构架图见图 4－7。

第一层次为基础标准，包括术语、特高压直流输电系统性能方面的标准，系统性能包括系统损耗、换流站噪声、可靠性、电磁环境等方面的基础标准。

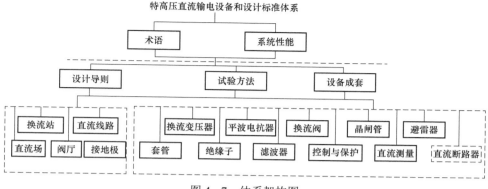

图 4-7　体系架构图

第二层次为方法类标准，由设计导则、试验方法、设备成套导则等方面的标准构成。

第三层次为设计规程和设备标准。设计规程包括换流站、阀厅、直流场、直流线路、接地极设计规程等，设备标准包括换流变压器、平波电抗器、换流阀、晶闸管、避雷器、套管、绝缘子、滤波器、控制与保护、直流断路器、直流测量等十余个方面。

（2）特高压交流标准体系的构建。

1）标准体系的基本原则。① 特高压交流标准体系应满足我国 1000kV 级特高压交流工程的发展需要。特高压交流标准体系也应以满足工程需要为第一原则，充分保障特高压交流输电工程的可靠运行，以促进我国经济健康、稳定发展。② 标准体系要综合考虑运行、研究、设计制造等部门的意见，兼顾设计、施工、维护和制造等方面的需要，充分体现科学性和合理性。③ 立足于把我国在特高压交流输电领域具有自主知识产权的研究成果转化为相应标准，占领标准制定的制高点。

2）标准体系的构建。特高压交流标准体系主要包括 7 个方面：通用技术类标准、设计类标准、设备订货技术条件、施工及验收、运行维护、设备试验方法、设备制造。

a）通用技术类标准。通用技术类标准是指在设计、订货、运行维护等多方面都有可能用到的标准，包括 1000kV 系统高压输变电工程过电压及绝缘配合暂行技术规定等 6 个标准，如表 4-5 所示。主要包括了特高压交流输电的绝缘配合、电磁环境、自动化系统、安全稳定等方面的基础标准。

表4-5 通用技术类标准

序号	标准名称
1	1000kV系统高压输变电工程过电压及绝缘配合暂行技术规定
2	1000kV变电站自动化系统
3	1000kV电力系统电压和无功电力技术导则
4	1000kV电力系统安全稳定控制技术导则
5	1000kV输电线路电磁环境和噪声选择标准
6	1000kV系统继电保护、安全自动装置及监控系统技术规范

b）设计类标准。设计类标准主要针对特高压交流输电工程的设计单位和其他相关部门，包括了变电站、架空线路、杆塔结构等几方面的内容，如表4-6所示。

表4-6 设计类标准

序号	标准名称
1	1000kV变电站设计暂行技术规定
2	1000kV架空送电线路设计暂行技术规定
3	1000kV架空送电线路杆塔结构设计技术规定

c）设备技术条件标准。该类标准主要包括了特高压交流输电工程中各个设备的技术规范、导则，对特高压工程主要设备的性能和使用条件加以明确说明，如表4-7所示。

表4-7 设备技术条件标准

序号	标准名称
1	1000kV系统用油浸式电力变压器技术规范
2	1000kV级系统用油浸式并联电抗器技术规范
3	1000kV级系统用气体绝缘金属封闭开关设备技术规范
4	1000kV级系统用高压断路器技术规范
5	1000kV系统用无间隙金属氧化锌避雷器技术规范
6	1000kV级系统用交流隔离开关和接地开关技术规范
7	1000kV级系统用支柱瓷绝缘子技术规范

序号	标 准 名 称
8	1000kV 级系统用套管技术规范
9	1000kV 级系统用电容式电压互感器技术规范
10	1000kV 级系统用瓷芯复合绝缘子技术规范
11	1000kV 架空线路金具技术规范
12	1000kV 级系统用并联电抗器中性点小电抗器技术规范
13	1000kV 级系统用 SF_6 电流互感器技术规范
14	1000kV 级系统用阻波器技术规范
15	1000kV 级系统低压侧干式空心串联电抗器技术规范
16	1000kV 变压器保护装置技术要求
17	1000kV 电抗器保护装置技术要求
18	1000kV 线路保护装置技术要求
19	1000kV 母线保护装置技术要求

d）施工及验收标准。该类标准主要包括施工与设计方面的具体内容，如特高压线路和变电站施工规程、设备验收试验、施工质量检验及评定规程等，以满足工程施工和验收需要，如表 4−8 所示。

表 4−8　　　　　　　施 工 及 验 收 标 准

序号	标 准 名 称
1	1000kV 架空送电线路勘测技术规程
2	1000kV 系统电气装置安装工程电气设备交接试验标准
3	1000kV 送变电工程启动及竣工验收规程
4	1000kV 架空电力线路施工及验收规范
5	1000kV 架空送电线路施工及验收规范
6	1000kV 电力变压器、油浸电抗器、互感器施工及验收规范
7	1000kV 高压电器（GIS、隔离开关、避雷器）施工及验收规范
8	1000kV 变电站构支架制作安装及验收规范
9	1000kV 变电站母线制作安装及验收规范
10	1000kV 变电站电气设备施工质量检验及评定规程

e）运行与维护标准。该类标准主要包括运行维护方面的具体内容，如线路和变电站设备运行规程、带电作业技术导则、电能计量装置技术管理规程等，

以满足工程投运后在运行和维护时的需要，如表4-9所示。

表 4-9　　　　　　　　　运 行 与 维 护 标 准

序号	标 准 名 称
1	1000kV 变电站运行规程
2	1000kV 架空送电线路运行规程
3	1000kV 输电线路带电作业技术导则
4	1000kV 系统用气体绝缘金属封闭开关设备运行及维护规程
5	1000kV 电能计量装置技术管理规程

f）设备试验方法标准。该类标准主要包括了与高压交流输电工程相关的试验方法，包括设备预防性试验、现场试验等方面的内容，如表4-10所示。

表 4-10　　　　　　　　　设 备 试 验 方 法 标 准

序号	标 准 名 称
1	1000kV 系统电气装置安装工程电气设备预防性试验标准
2	1000kV 系统电力设备现场试验实施导则
3	1000kV 带电作业用屏蔽服装试验方法
4	1000kV 级交流高压断路器合成试验技术条件

g）设备制造标准。该类标准主要包括了与特高压变电站主设备制造相关的一些标准，如变压器、电压互感器、断路器、并联电抗器等，以满足工程设备制造的需要，具体如表4-11所示。

表 4-11　　　　　　　　　设 备 制 造 标 准

序号	标 准 名 称
1	1000kV 交流输电用电力变压器绝缘水平、绝缘试验和外绝缘空气间隙
2	1000kV 交流输电用电容式电压互感器
3	1000kV 交流输电用交流断路器
4	1000kV 交流输电用交流隔离开关和接地开关
5	1000kV 交流输电用耦合电容器和电容分压器
6	1000kV 交流输电用气体绝缘金属封闭开关设备
7	1000kV 交流输电系统继电保护
8	1000kV 交流输电用电力变压器承受短路的能力
9	1000kV 级油浸式可控并联电抗器

4.4　特高压输电工程用户（业主）创新管理的要素管理

创新要素的构成在不同的管理理论中有多种组合，但绝大多数理论都认为人才、资金和技术三项要素是创新体系的核心。在特高压输电工程用户（业主）创新管理体系中，人才、资金和技术三项要素也是管理的核心对象。

4.4.1　人才管理

为使特高压电网建设和发展所需的每个工作岗位都有明确的、符合特高压电网战略发展方向的管理体系，使目前在岗员工具备能胜任特高压电网建设与生产等相关工作的技能和方法，并为特高压电网的未来发展提供可持续的人才支持，逐步形成专业配套、结构合理、素质优良的人才队伍，有必要基于特高压人才的特征，构建一套科学、定制、目标性强的针对不同岗位、不同层次的人才管理体系。该体系的核心在于以专业化的管理模式搭建科学合理的特高压人才培养体系。

（1）特高压人才的类别及特征。特高压人才的类别、层次可以从不同的角度来划分。但总的来说，特高压人才的合理结构应该呈金字塔形，低重心的。根据培养规格来分，可分为高级管理人才、高级技术研究人才、高级工程技术人才、高级技术应用型人才和技能型人才。

1）特高压高级管理人才主要是指了解特高压电网技术，熟悉特高压电网建设、生产和运营的电力企业或集团管理者、经营或运营骨干。他们具有先进的现代经营管理理念、较强的战略开拓能力、富有团结协作精神，熟悉国际国内市场。他们既懂特高压技术，又懂管理的门道，是电力行业的高端人才。

2）特高压高级技术研究人才主要是指电力行业特高压领域的资深专家，包括两院院士、电力科技学术领域带头人、国家有突出贡献专家、科技进步奖获奖者、国家百千万工程人才、863 计划、973 计划等主要项目的首席科学家等，同时也包括正在成长中的以特高压技术为主要研究方向的广大科技工作者。他们一般都具有较深厚的理论基础和独立研究的能力，具有创新精神和创新能力，善于发现、总结和研究客观规律。

3）特高压工程技术型人才应具有高电压、特高压方向的基础专业知识，掌握特高压技术，具备一定的实际操作技能，了解本专业领域的理论前沿和发展动态；获得过较好的工程实践训练，具有综合解决工程实际问题的能力和较强的知识获取与运用能力；具有较强的综合素质和一定的创新精神，有较强的工作适应性、人际交往能力和团队协作精神；能够从事特高压领域相关的工程设计、产品开发、建设规划、运行决策、系统分析、技术开发等方面工作。

4）特高压技术应用型人才应具有熟练的技术操作能力；在任职岗位上表现出较强的工程技术应用能力，具有较宽的知识面和有关特高压电网技术的基础理论与基本知识，具有适应工作发展必需的自学能力和可持续学习的基础；能够较快地掌握特高压电网相关的新知识、新技术和新工艺，他们的工作主要是为特高压生产、建设、管理、服务第一线服务，将技术意图和工程图纸转化为物质实体，同时能向设计人员反馈设备、工艺和产品的改进意见，并能在生产现场进行技术指导和组织管理，解决生产中的实际问题，具有解决现场突发事件的能力。

5）特高压技能型人才主要是指从事特高压电网建设、设备生产的技术工人，他们掌握必要的专业理论知识，主要依赖技能进行工作，如技术工人、半技术工人等，主要的工作是在技术应用型人才的指导下从事具体的技术实施。

（2）特高压人才培养平台的搭建。遵循"服务于公司发展战略、服务于生产经营、服务于员工成长"的理念，以特高压人才需求分析为切入点、履职能力建设为核心、绩效考核与能力评价为手段、员工职业生涯管理为导向，开展全员培训与管理，分析公司、部门、岗位能力需求，建立岗位能力模型，将员工能力与岗位能力进行匹配，为了确保所有的培养对象都能达到预定的培养目标和人才规格，从教育内容与课程体系改革、师资队伍建设、教材建设、实践基地建设等方面着手，搭建特高压电网各个层次人才培养的平台。

1）建立适应特高压电网技术发展的课程体系是人才培养方案的核心。各级各类特高压电网人才培养机构应该根据培养目标和培养规格的要求，构建相应的博士、工学硕士、工程硕士、本科、高职高专、中职中专以及职业教育短期培训的课程体系。每个层次的课程体系都应包括理论教学和实践教学两部分，根据人才培养的目标和规格，理论教学和实践教学在比例的设置上应有所不同。要科学合理地处理好学生的知识、能力、素质之间的关系，处理好基础知识与专业能力、理论与实践的关系，突出人才培养的针对性。研究生培养主要偏重技术研究，理论教学比例应大一些，在课程设置上要体现学科专业体系的完整性；本科生的课程体系不仅要使学生掌握与特高压技术相适应的专业基础知识和基本理论，还要加强实践教学环节，培养一定的创新精神和工程实践能力，使学生具有特高压电网工程设计、系统运行、技术开发等能力；而电力职业学校培养技术应用型和技能型人才，课程设置应以实践教学为核心，把培养学生的动手能力和实践能力放在首要位置，理论知识以应用为目的，体现必须、够用的原则，重点突出针对性和实用性。理论教学课程不仅包括基础课、专业基础课、专业课，还应安排一定的人文社科领域课程，本科生和研究生还应加强外语的训练。

2）加强特高压电网师资队伍建设。高质量的师资队伍是特高压人才培养的保证，各级各类的教育培训机构要通过"外引内培"，建设一支素质优良的师资队伍。由国家电网高级培训中心承担的高级经营管理人员、特高压电网发展专题培训的师资来源主要是国家电网公司负责特高压网架规划、建设和运行的主要领导，中国电力科学院、高压研究所和电建研究所等具有很高理论水平和实践经验的工程技术专家以及知名高校的教授学者。高等院校应充分利用相关专业的师资资源，同时可以聘请电力系统内从事特高压技术研究和试验的具有很高理论水平和实践经验的工程技术专家作为学校的兼职教授，或利用科研院所的师资与其联合培养博士、硕士。高职高专和中职中专旨在培养生产第一线的技术应用性人才和技术工人，这就要求教师既要具备扎实的理论知识和较高的教学水平，又要具有很强的专业实践能力和丰富的实践经验。建设"双师型"教师队伍，可以委托高校或电力培训中心对现有教师进行特高压专题培训，安排教师到特高压电网建设生产一线学习、考察，进行专业岗位工作实践，或从特高压电网建设、生产第一线引进高素质的专业人员。

3）特高压电网教材体系建设。依托高等院校和科研院所，组织开发编写与特高压电网建设、输配电、管理和运营相关的教材，争取用较短的时间完成高等院校、各级职业学校特高压领域核心课程的教材编写、出版工作，以及各类特高压电网专题短期培训的讲义编写工作，形成较为完整的特高压教材体系。同时需要开发和编写配套的实验教材和实习教材，开发多媒体教学课件，为特高压电网相关知识的教学提供丰富、多样和实用的教学资源。

4）产学合作共建特高压电网实习基地建设。产学合作教学是一种以培养学生的综合能力和就业竞争力为重点，利用学校和企业两种不同的教育资源，采用校内教学与学生参与实际工作有机结合的模式，充分发挥高等院校和各级电力职业学校现有实验室和实习、实训基地的作用，加强实践教学改革和建设。同时要加强各级院校、科研院所和电力企业的合作，共建一批相对稳定的教学、科研、生产、培训相结合的特高压电网实习基地和实训基地，以提高特高压人才培养的针对性，在互惠互利的基础上，充分发挥电力企业教育资源的效益，实现学校和企业的"双赢"。

5）建立特高压电网职业资格证书制度。探索实行学历证书、职业资格证书并重的制度，有利于综合体现学生的理论学习水平和职业能力水平。职业资格证书是社会对劳动力质量更高层次的认证，具有很高的可靠性和权威性。实施职业技能鉴定和职业资格认证制度，从根本上要求对学生的职业技能进行规范化、标准化的考核鉴定。考核鉴定应依据劳动和社会保障部制定的《中华人民共和国工程分类目录》和电力行业颁发的技术等级标准，由专门化、社会化的职业技能鉴定机构组织进行，做到客观公正、标准统一、科学规范。要按照岗位规范的要求，在大力组织开展生产技能人员岗位培训和职业技能培训的基础上，鼓励技能人员参加职业技能鉴定，取得职业资格证书。建立技能人才技术职务晋升制度，加大高级技师和技师的评聘力度，注重在实践中发现和培养高级技能人才。定期组织开展技术比武和岗位竞赛活动，激发职工爱岗敬业、学习新知识与掌握新技能的热情，引导职工岗位成才。

6）加强特高压电网技术的国际交流与合作。特高压技术和装备的研发和应用，是一项具有挑战性的课题。国外研究和试验成果为我国发展特高压技术和装备提供了有益的借鉴。在我国特高压电网发展的起步阶段，需要也有必要积极借鉴国际上已有的成果和经验，通过学习和引进技术，逐步消化吸收，努力增强自主开发能力，促进国产化水平的提高。因此要积极开展国际合作培训，有计划地选派部分高级经营管理人员和有培养前途的优秀技术骨干参加国际合作培训，学习掌握国际先进的特高压电网技术和管理经验，培养一批适应特高压电网建设和运营需要的高素质企业家和技术带头人。国际合作培训要坚持"送出去"和"请进来"相结合的原则，一方面选派人员赴国外在特高压研究领域有一定知名度的大学和科研机构以及有过特高压电网建设和运营经验的电力企业接受短期学习，另一方面积极引进国外智力，在国内有关大学或电力培训中心联合培养人才。

4.4.2　资金管理

近年来，为推动特高压项目的顺利实施与发展，国家电网公司对我国特高压建设事业给予了强大的资金支持。自 2007 年中国首个特高压工程开工建设以来，根据特高压电网建设形势，输电工程项目资金管理模式经历了三次转变：从最初晋东南—南阳—荆门 1000kV 特高压交流试验示范工程的国家电网公司总部投资、总部管理的特高压直投直管体系，发展为向家坝—上海、锦屏—苏南±800kV 特高压直流输电工程的国家电网公司总部与省级电力公司联合投资、专业公司建设管理的网省联投专业建管体系，再到皖电东送特高压交流工程的省级电力公司承担出资和属地协调的专业建管体系。

（1）国家电网公司直投直管模式。国家电网公司总部直投直管模式以晋东南—南阳—荆门 1000kV 特高压交流试验示范工程为典型代表。在晋东南—南阳—荆门 1000kV 特高压交流试验示范工程建设过程中，国家电网公司总部发挥主导作用，充分发挥总部人、财、物集中的优势，组织骨干力量组建现场业主项目部，统筹安排工程建设资金，省级电力公司既不参与现场建设管理，也不承担出资任务，且不参与属地协调，政策处理、民事协调由施工单位包干。该模式具有管理层级少，管理链条短，执行力强等优势。但由于政策处理、民事协调过于依赖施工单位，而施工单位受制于费用包干、资源有限等因素，工程时常受阻，影响工程推进。此外，由于总部直接管理，而总部管理量有限，因此该模式适用于单一重大项目的建设管理，不能适应特高压电网大规模建设的需要。

（2）网省联投专业建管模式。网省联投专业建管模式以向家坝—上海、锦屏—苏南±800kV 特高压直流输电工程为典型代表。在向家坝—上海、锦屏—苏南±800kV 特高压直流输电工程建设过程中，由于建设规模扩大，资金需求增加，原有的总部直投直管模式已不能满足要求。为此，为了解决总部投资资金不足的问题，投资改由国家电网公司总部和受益省级电力公司联合投资的模式。当时出资还是以国家电网公司总部为主，受益省公司负责筹措小部分资金即可，合同管理、资金支付等工作则由专业建设管理单位承担。为了解决建设管理力量不足的问题，国家电网公司总部将特高压建设管理任务下达给交直流建设公司，由其组建业主项目部，具体承担现场建设管理任务。该模式下的政策处理、民事协调仍由施工单位包干，存在与直投直管模式一样的问题。

（3）省级电力公司承担出资和属地协调的专业建管模式。省级电力公司承担出资和属地协调的专业建管模式以皖电东送（淮南—浙北—上海）1000kV 特高压交流输变电工程为典型代表。在皖电东送（淮南—浙北—上海）1000kV 特高压交流输变电工程建设过程中，国家电网公司总部不再履行出资义务，工程建设资金改由属地省级电力公司分摊。国家电网公司总部根据各单位资金支付申请，每月下达工程资金预算，由省级电力公司负责资金筹措，并定期上交国家电网公司总部，合同管理、资金支付等工作与网省联投专业建管模式一样由专业建设管理单位承担。现场建设管理仍由国网交、直流公司承担。与此前不同的是，省级电力公司增加了属地化协调任务，属地公司负责区域范围内的政策处理、民事协调等工作。但该模式涉及业主、设计、监理、施工单位构成的现场建设管理链条和省、市、县三级供电公司构成的属地化协调管理链条，且各主体、各层级之间相互独立，施工单位发生政策处理问题后向监理单位汇报，监理单位向业主项目部汇报，业主项目部向建设管理单位（国网交、直流公司）汇报，建设管理单位向国家电网公司总部汇报，再由国家电网公司总部将协调任务下达省级电力公司，省级电力公司分解下达地市级电力公司，地市级电力公司再分解下达县区级电力公司，最后由县区级电力公司开展具体协调。若县区级电力公司无法协调，再逐级向上提交，最终可达国家电网公司总部，由其组织各方进行磋商。

4.4.3 技术管理

我国发展特高压输电，既面临国际同行尚未解决的高电压、强电流下的电磁与绝缘关键技术世界级难题，又需应对重污秽、高海拔等特有严酷自然环境挑战，主要表现在：① 电压控制难度极大。特高压系统输送容量大、距离远，正常运行时，最高电压应控制在 1100kV 以下，沿线稳态电压接近平衡分布，但故障断开时，电压分布发生突变、受端电压大幅抬升，这些电压升高直接威胁到系统和设备安全；② 外绝缘配置难度极大。特高压系统外绝缘尺度大，空气间隙的耐受电压随间隙距离增大不再线性增加，呈现明显饱和效应，线路铁塔高、雷电绕击导线概率明显增加，我国大气环境污染严重、导致绝缘子在污秽情况下的沿面闪络电压大幅降低；③ 电磁环境控制难度极大。特高压线路、变电站构成的多导体系统结构复杂、尺度大，导体间相互影响显著，带电导体表面及附近空间的电场强度明显增大，电晕放电产生的可听噪声和无线电干扰影响突出；④ 设备研制难度极大。特高压设备包括变压器、开关等 9 大类 40 余种，额定参数高，电、磁、热、力多物理场协调复杂，按现有技术线性放大，会使得设备体积过大，造价过高，且部分设备无法运输，研制难度极大。面对以上难题，国家电网公司以科研为先导，为克服特高压建设过程中存在的挑战提供了如下技术保障。

（1）"国家电网公司主导、产学研用联合攻关"的开放式科研创新模式打破了各科研单位之间的壁垒和行业壁垒，国家电网公司组织中国电科院、武高所、电建院、南自院等电力行业科研机构，西高院、沈变所、郑州机械研究所等机械行业科研机构，以及清华大学、西安交通大学等高等院校联合开展科研攻关，挖掘我国在电力科技及电工装备研制领域的技术潜能，发挥全国各方面专家的聪明才智，高度重视与国际同行特别是俄罗斯等国的交流合作，最大限度集中资源和力量，形成了创新合力，为突破特高压输电这一世界级难题、在更高水平上实现创新发展奠定了基础。

（2）在深入进行国内外技术调研基础上，围绕特高压输电技术特征，国家电网公司研究制定了由 180 项课题组成的特高压交直流输电关键技术研究框架，组织各科研单位系统开展了覆盖工程前期—建设—后期全过程的规划、系统、设计、设备、施工、调试、试验、调度和运行 9 大方面的科研攻关，其中"特高压输电系统开发与示范"等 16 个课题为"十一五"国家科技支撑计划重大项目。在全面推进特高压系统大尺度、非线性电、磁、热、力多物理场作用下各类电工基础研究的同时，特别强化了工程应用研究，用于直接推动基础研究成果工程应用的专项课题占到总课题数的 40%。

（3）为掌握技术规律，适应高压输电作为试验性学科的需要，国家电网公司组织设计、研制了高参数、高性能的高电压、强电流电磁等试验检测设备，投资建设了武汉特高压交流试验基地、北京工程力学试验基地、西藏高海拔试验基地和国家电网仿真中心，推动改造了西安高电压、强电流试验站，推动升级了国内各主力设备制造厂的试验检测能力，在我国建成了世界上功能最完整、技术水平最先进的特高压试验研究平台，为高水平开展科研奠定了实证基础，彻底解决了缺乏高等效性试验手段这一长期困扰我国科研、设计和设备基础研究的大难题，打破了荷兰 KEMA、意大利 CESI 在高端试验领域的"硬"垄断。

4.5　特高压输电工程用户（业主）创新管理的政策保障

国家电网公司是特高压输电创新链的发起者，首次示范应用及大规模商业化的推动者。在这一创新战略的形成和推动中，严格执行了国家有关法律法规和基本建设程序的规定，坚持了全面、科学、广泛、民主论证和决策的原则。

2005 年 1 月，国家电网公司成立了特高压电网工程领导小组，以及由院士和资深专家组成的特高压电网工程顾问小组，联合电力、机械行业的科研院所，以及设计、制造、高校、协会等单位，全面开展了特高压输电研究论证。发展改革委、中国工程院、国务院发展研究中心、中国电机工程学会、中国机械工业联合会等单位同步进行了专项论证。

国家电网公司组织了国外特高压前期研究经验的全面调研考察，开展了我国 500、750kV 电网建设运行经验的全面总结，会同国内各行业、高校、有关部门和单位等方面，针对发展特高压输电的技术可行性、发展必要性、关键技术原则、设备国产化、示范工程选择和远景规划等重大问题进行了全面、系统、深入的研究和论证，充分听取了各方意见，社会各界就发展特高压输电达成广泛共识，认为我国发展特高压输电技术可行、十分必要、非常紧迫。据不完全统计，2000 多名专家学者直接参与了前期研究论证。其中院士 30 多人，教授及教授级高级工程师 300 多人，高级工程师及博士 800 多人，其他技术专家超过 1000 人。仅发展改革委、国家电网公司、中国电力工程顾问集团公司、中国机械工业联合会就先后召开了 200 多次专题论证会，与会专家代表超过 7000 人次。在广泛咨询论证和深入优化比选的基础上，国家电网公司提出了建设晋东南—南阳—荆门 1000kV 特高压交流试验示范工程、依托工程发展特高压技术的建议。2005 年 9 月工程可行性研究通过评审，同时按照国家有关法规开展了水保、环评、用地预审、文物、地灾、压矿、地震等专题评估，并全部在 2005 年内取得了政府有关批件。2006 年 8 月 9 日，发展改革委正式核准建设晋东南—南阳—荆门 1000kV 特高压交流试验示范工程，起于山西晋东南变电站，经河南南阳开关站，止于湖北荆门变电站，线路全长 640km。

国家在确定特高压交流试验示范工程为发展特高压输电技术和设备自主化依托工程并提出明确目标的同时，在政策方面对特高压输电自主创新给予了大力支持，推动了创新进程：研究开发特高压输电技术与装备列入《国家中长期科学和技术发展规划纲要（2006～2020 年）》（国发〔2005〕44 号）和《中国应对气候变化国家方案》（国发〔2007〕17 号）；开展特高压输变电成套设备的研制列入《国务院关于加快振兴装备制造业的若干意见》（国发〔2006〕8 号）；建设特高压输变电与电力系统安全关键技术开发和试验设施列入《国家自主创新基础能力建设"十一五"规划》（国办发〔2007〕7 号）。国家电网公司在 2010 年 8 月 12 日首次公布，到 2015 年建成华北、华东、华中（"三华"）特高压电网，形成"三纵三横一环网"。

2015 年 7 月 24 日，淮南—南京—上海 1000kV 特高压交流输变电工程在江苏省东台市开建。淮南—南京—上海 1000kV 特高压交流输变电工程是国家大气污染防治行动计划 12 条重点输电通道之一，变电容量 1200 万 kV·A，线路全长 759.4km，新建输电线路 2×780km，工程投资 268 亿元。该工程是迄今规模最大、建设难度最大的特高压交流工程，建成后可增强长三角地区电网互联互通、相互支援的能力。同日，国家电网公司宣布世界上运行电压最高的晋东南—南阳—荆门 1000kV 特高压交流试验示范工程已通过国家验收，这标志着特高压已不再是"试验"和"示范"阶段，后续工程的核准和建设进程有望加快。

2016 年 11 月 7 日，发展改革委、国家能源局召开新闻发布会，对外正式发布《电力发展"十三五"规划（2016～2020 年）》（简称《规划》），特高压输电再次被写入政府工作报告。该《规划》指出，"十三五"期间，华北地区电网"西电东送"格局将基本不变，京津冀鲁接受外来电力超过 8000 万 kW，初步形成"两横两纵"的 1000kV 交流特高压网架；西北地区电网要重点加强电力外送和可再生能源消纳能力，继续完善 750kV 主网架，增强电力互济能力；华东地区电网将初步形成受端交流特高压网架，开工建设闽粤联网工程，长三角地区新增外来电力 3800 万 kW；华中地区电网要实现电力外送到电力受入转变，湖南、湖北、江西新增接受外电达到 1600 万 kW；东北地区电网要在 2020 年初步形成 1700 万 kW 外送能力，力争实现电力供需基本平衡；南方地区电网要稳步推进"西电东送"，形成"八交十一直"输电通道，送电规模达到 4850 万 kW，实现云南电网与主网异步联网，区域内形成 2～3 个同步电网。同时，《规划》提出，要筹划外送通道，增强资源配置能力。"十三五"期间，新增"西电东送"输电能力 1.3 亿 kW，2020 年达到 2.7 亿 kW。

国家高度重视特高压工程的建设，是因为这项工程对促进我国经济社会发展以及调整经济结构等都将发挥重要的战略作用。随着特高压建设的提速，实现大范围配置资源、提升吸纳清洁能源能力，以及利国利民等多方面的巨大作用将进一步彰显。因此，特高压的建设不仅能拉动区域经济社会发展，还对我国能源结构调整起到不可代替的作用。

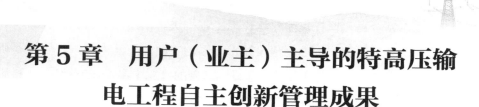

第5章 用户（业主）主导的特高压输电工程自主创新管理成果

5.1 用户（业主）主导的特高压输电工程自主创新管理理论成果

5.1.1 特高压输电工程自主创新管理思想和方法

（1）管理思想。以"科学论证、示范先行、自主创新、扎实推进"为总体原则，首先建设示范工程，依托工程、国家电网公司主导、产学研联合开发特高压输电技术，提高国内电力科技和输变电装备制造水平，验证特高压输变电系统性能和设备运行可靠性，在成功基础上扎实推进规模化应用，其核心是用户（业主）主导、依托工程、自主创新、产学研联合。

（2）管理方法。

1）建立科学严谨的决策机制。国家电网公司成立特高压电网工程领导小组、试验示范工程建设领导小组，决定特高压输电重大事项，审查重大技术方案和重大专题研究成果，协调指导工程建设各项工作。设立专家委员会，集中特高压输电相关领域院士和专家，负责重大技术原则和方案的审查把关。成立特高压交流输电标准化技术工作委员会，依托工程建立特高压输电国家标准和行业标准体系。公司总部组建特高压建设部，行使项目法人职能，负责工程建设全过程管理和监督；在相关省级电力公司组建特高压工作机构、在工程现场成立指挥部，形成工程建设三级组织指挥体系、最大程度调用各方的资源和力量；在科研、设计、设备各环节成立专项领导小组，具体负责组织相关领域的集中攻关；各创新主体内部均成立由主要领导负责的专门机构，直接组织特高压输电创新工作；通过严密组织和周密策划，形成高效民主的决策机制。

2）建立协同高效的工作机制。以"基础研究—工程设计—设备研制—试验验证—系统集成—工程示范"为创新技术路线，在总结提升国家电网公司实施重大工程经验基础上，以工程项目管理方法组织特高压输电创新活动，以工程里程碑计划统领全局，坚持集团化运作抓工程推进、集约化协调抓工程组织、精益化管理创精品工程、标准化建设技术体系的"四化"基本原则，坚持科研为先导、设计为龙头、设备为关键、建设为基础的"二十字工作方针"，在科研攻关、工程设计、设备研制、建设运行各环节创新建立针对各环节特点的工作机制，以及贯穿各环节的协同高效的工作机制，实现对特高压输电工程创新活动安全、质量、进度和资金的有效管控。

3）建立系统严格的管控机制。全面采用合同方式固化国家电网公司与各创新主体之间的责权利，用合同管理的要求来强力推动科研、设计、设备、建设各方的创新进程。建立由建设管理纲要、专项工作大纲和实施方案组成的三级管理制度体系，包括工程总体策划、科研管理、线路设计、变电设计、设计监理、设备监造、计划管理、财务管理、现场建设、系统通信、生产准备、工程档案和系统调试工作大纲及各创新主体的实施方案，统一管理程序和工作流程，保证各环节目标一致和有效衔接。

4）建立推动创新的保障机制。一方面，建立特高压交流试验基地，推动国内骨干企业建成世界领先的全套高电压、强电流试验平台和厂房设备，为科研、设计、设备研发打下重要基础。另一方面，通过专家委员会集中各方智慧，强化技术、信息交流和知识共享，大力推动关键共性技术协同攻关，为特高压技术创新提供重要技术支撑和保障。

5）强化创新过程监督机制。坚持安全可靠第一原则，全面总结国际特高压前期研究及国内常规工程经验，大量组建固定专家团队，系统开展创新风险分析，特别重视从源头控制风险，重大科研课题、重大技术原则和重大工程方案组织两方甚至多方进行背靠背研究，组织多层次多轮次专家审查，反复研究、反复论证，追求最优化，采用专家指导检查、第三方校核、设计监理、设备监造、试验监督、工程监理等方式强化创新全过程的监督。

6）建立合作共赢的激励机制。国家电网公司主导下的创新联合体各方均是国内相关领域的领先者，合同约定双方在特高压输电创新中取得的成果和知识产权共享。可通过创新能力升级、影响力提升、改变与跨国公司竞争中的弱势局面、确立在特高压新市场的位置等创新成功带来正激励，以及创新不成功导致严重影响甚至危及常规市场已有地位的负激励［在用户（业主）主导创新活动中具有重要影响］。

5.1.2　特高压输电工程自主创新管理模式

从特高压研发、设计、制造、建设和运行各环节对特高压输电工程实行全过程管理。

（1）试验研发环节。主要从创新技术的研发以及研发平台建设两个方面进行特高压输电工程的研发管理。

首先，在创新技术研发方面，将特高压输电工程研发环节与工程实践环节相对接，基于实践过程中对特高压输电工程设备的不同需求，不断创新设备制造与应用技术，在保障特高压安全可靠运行的基础上，不断降低投资成本。例如在电气总平面布置、围墙过渡方案设计、地基处理和水工设计的优化，特殊需求设备的设计等方面。其次，在研发平台建设方面，根据不同区域特点以及技术需求，设计不同类型的试验基地，例如特高压交流试验基地、高海拔试验基地和工程力学试验基地等。构建以特高压电网综合仿真系统和仿真计算数据平台为主的研发支撑信息平台。

（2）设计环节。依托工程、立足科研，采用先进的特高压工程设计技术对特高压输电的各项设备安装结构、设计方案以及风险防护等内容进行设计。① 安装设备的设计方向是系列化、标准化、工厂化，例如特高压开关现场安装工厂化、通过统一制定索道加工图册、检测标准和施工管理办法等方式实现索道管理的系列化及标准化。目前最为先进的技术是三维设计技术：应用高清晰度卫星影像和航片，运用先进的海拉瓦技术，进行三维设计。② 在这一环节不断优化特高压输电的设计方案，考虑可靠性、安全性、经济性等各项因素，综合比选出最优设计方案。例如，在设计环节变电组合电器的优化设计、电气接线方案的优化、总平面布置的优化、不同地区结构材料的选择等。③ 不断完善防雷电、抗地震、防线路舞动等风险防护措施。

（3）制造环节。提升特高压设备的制造水平，不断向标准化、规模化方向发展。

将特高压输电的制造环节与技术改造和工程实践相对接，提升特高压输电工程制造业的加工工艺和试验条件，逐步向通用设计、通用设备、通用造价和标准工艺方向发展，实现特高压设备的标准化批量生产，为特高压电网大规模建设奠定基础。

（4）建设环节：主要包括特高压输电工程的信息化管理、管理体系构建以及建设团队管理三个方面。

在特高压输电工程建设环节逐步发展成高度信息化的管理模式。采用工程视频会议系统、视频监视系统、工程信息管理系统网站和设备研制监造信息系统与进度控制系统等先进管理软件和技术，实现对工程建设过程的有效管控。在管理模式上，采用"总部统筹协调、属地省级电力公司建设管理、专业公司技术支撑"的建设管理体系，充分发挥工程参建单位各方的优势。在建设团队管理方面，可基于虚拟现实仿真培训系统，对施工人员进行"培训、演练、考核、计算"一体化管理，提升培训效率，推进施工培训的系列化、流程化、规范化，保障施工安全。

（5）运行环节：根据区域特点以及特高压电网运行特性，制定出针对不同区域不同类型的特高压电网的运行控制管理体系。管理内容主要包括运行维护队伍的组建与培养、运行规程及标准制定、工作组织协调机制设计以及信息化建设。① 高标准组建运行维护队伍，开展形式多样的技能培训。根据特高压运行、检修定员标准，择优选拔管理与技术人员。此外，通过专家讲座、技术培训、专题培训等方式，从安全生产、业务技术和管理培训三个方面对运行维护人员开展多类型培训，重点加强运行人员的模拟演练、工作技能和安全意识的培养。最后可通过考核的方式对特高压运检人员的上岗资格进行审核。② 明确运行管理各项要求及任务，制定运行检修规程、规范、标准，使各项工作制度化、标准化、规范化。超前策划完成工器具和相关生产准备工作，研制并配备专用工器具，制作统一标识牌，组建运行台账，完善定位信息系统，建立运行备品备件库。③ 加强专业管理工作和各级调度间的协调配合，完善整体调度的常态工作机制。运行人员可提前介入科研攻关、工程设计、设备制造和现场建设的全过程，保障工程安全稳定运行。④ 运用无线视频监控、在线监测装置，实时监控变电和线路设备运行状态。应用世界上最大规模的电网广域监测系统、在线动态安全分析和预警系统以及调度自动化系统，实现特高压互联系统的安全稳定控制。

5.1.3　特高压输电工程自主创新管理技术标准体系

基于创新成果大规模商业化应用的需要，以"科研攻关、工程建设和标准化工作同步推进"的原则，力主依托工程、自主创新，建立全面系统的特高压标准体系。在国家电网公司推动下，国家标准化委员会批准在特高压试验示范工程建设领导小组下设立标准化工作机构。

首先，在特高压交流输电工程自主创新管理技术标准管理方面，2007 年 2 月成立了特高压交流输电标准化技术工作委员会，由国家电网公司、中电联、中机联、国内各方面的专家学者组成，依托工程建设，结合关键技术研究和工程应用，开展特高压交流标准化工作。

结合科研攻关成果和工程实践，研究提出了由七大类 77 项国家标准和能源行业标准构成的特高压交流技术标准体系并通过实际工程验证，全面涵盖系统集成、工程设计、设备制造、施工安装、调试试验和运行维护等各方面内容。目前，已发布了国家标准 29 项、能源行业标准 29 项，形成标准（报批稿）14 项。

其次，在特高压直流输电工程自主创新管理技术标准管理方面，国际电工委员会（IEC）成立高压直流输电技术委员会，秘书处设在国家电网公司。20 世纪 80 年代，电力行业高压直流输电技术标准化技术委员会成立，主要从事电力行业高压直流输电技术标准化工作，负责高压直流输电技术领域的标准化技术归口工作，组织制定、修订、复审电力行业高压直流输电技术的行业标准，组织本专业行业标准送审稿的审查工作，提出审查结论和意见。

结合科研攻关成果和工程实践，中国电器工业协会为满足我国在建和规划中的特高压直流输电工程的需要，兼顾通用性与适用性，并考虑到与国际标准体系接轨，建立了一套较为完善的特高压直流输电标准体系。该体系包括：术语、特高压直流输电系统性能、系统损耗、换流站噪声四个方面的通用基础标准，试验标准、设计导则、设备成套导则、可靠性、环境要求、设备交接六个方面的共性技术标准，以及换流变压器、平波电抗器、换流阀等十余个产品主设备标准。

随着特高压输电工程新技术的不断突破，以及在工程实践过程中的尝试与应用，将不断产生新的技术标准，从国内走向国际，引领国际特高压输电技术标准体系的发展。

5.2 用户（业主）主导的特高压输电工程自主创新管理实践成果

5.2.1 用户（业主）主导的特高压输电工程组织体系

我国的输变电工程项目主要是通过输变电工程建设中业主直接管理或委托给专业公司管理，其主体主要分为三部分，包括建设管理单位、监理单位和施工单位。

（1）建设管理单位。特高压工程主要由国家投资，国家电网公司总部作为工程建设的主管单位代行项目法人职能，并安排和指挥相关部门按照职责分工参与工程建设相关工作，确定工程建设目标和总体工作安排，组织建立工程建设管理体系。

组织结构如图 5 - 1 所示。

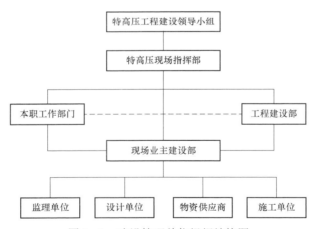

图 5 - 1　建设管理单位组织结构图

（2）监理单位。监理单位通过公开招标确定，由此形成特高压领导小组，并设置了监理项目部，坚持"四控制、两管理、一协调"原则，即质量控制、安全控制、进度控制、投资控制、合同管理、信息管理和工程协调，对工程实施全员、全过程、全方位的监理。

变电工程和线路工程的监理单位组织结构分别如图 5 - 2 所示。

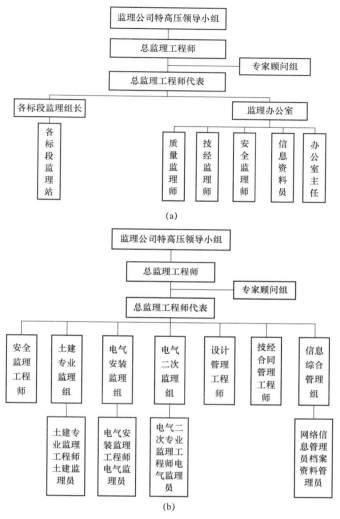

图 5-2 监理单位组织结构

（a）线路工程；（b）变电工程

（3）施工单位。通过公开招标，分别确定参与变电工程和线路工程的施工建设单位，并成立特高压领导组，为工程施工提供全方位的资源保障。另外，组建专家顾问组进行特高压新技术、新工艺、新设备的课题研发，参与施工图纸的审核，审定重要施工方案、安全技术等措施，及时解决工程施工中出现的技术问题；施工项目部代表施工单位全面履行合同，负责施工过程中的安全、质量、进度、投资等全过程控制。

施工组织结构如图 5-3 所示。

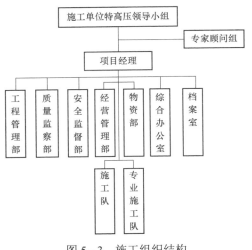

图 5-3 施工组织结构

5.2.2 用户（业主）主导的特高压输电工程制度体系

为加强工程建设的规范化、科学化和现代化，国家电网公司建立了三级管理制度体系，指导工程建设的各项工作，确保顺利实现预期目标。三级管理制度体系如图 5-4 所示。

其中，建设管理纲要由项目法人（特高压建设部）编制、建设领导小组审定，是工程建设管理的总体策划，是指导工程建设各项工作的总纲；专项工作大纲由项目法人或委托相关单位编制、特高压建设部审定，是工程建设管理各单项工作的指导性文件；具体实施方案由工程参建的设计、监理、施工、运输、监造、试验等有关单位编制，设计、设计监理、设备监造部分由特高压建设部审定，监理、施工部分由建设管理单位审定。

根据三级工程管理制度体系，建设公司组织编写了专项工作大纲中的《现场建设管理工作大纲》，并编制了技术、质量、安全、进度、物资、计划、财务、信息、档案等各项管理制度；监理单位组织编制了工程项目监理工作大纲，于开工前报建设管理单位审批后在工程中组织实施；施工单位组织编制了施工管理规划大纲、施工技术方案及措施等技术文件，经公司内部的规定流程审批，并书面报项目监理单位审查确认后在工程中组织实施。

5.2.3 用户（业主）主导的特高压输电工程工作机制

在政府大力支持下，国家电网公司打破常规管理模式，充分发挥主导作用，

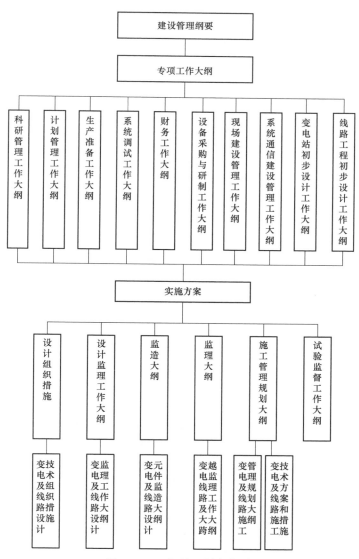

图 5-4　三级管理制度体系

组织国内电力、机械行业的科研、设计、制造、施工、试验、运行单位和高等院校，集中优势资源和力量，依托试验示范工程建设，组建创新联合体，实施联合攻关，在世界上率先全面攻克特高压输电技术难关，建成商业化运行的试验示范工程，带动我国电力科技和输变电设备制造产业实现了全面升级和跨越式发展，在国际高压输电领域实现了"中国创造"和"中国引领"。

我国的输变电项目管理工作机制主要有三种：业主管理模式、EPC 模式、管理承包商管理模式（PMC方式）。特高压交流试验工程，由于工程的首创性及市场等因素，采用业主自行管理模式，由隶属国家电网公司的专业管理公司承担特高压工程建设管理工作。

特高压输变电试验工程中，受国家电网公司总部的委托，由其直属专业项目管理公司"建设公司"承担输变电工程建设实施阶段的现场管理，信息通信公司承担系统通信工程的建设管理工作。

特高压输电工程工作机制如图5-5所示。

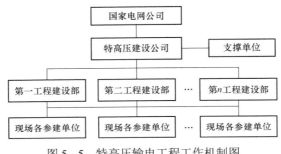

图5-5　特高压输电工程工作机制图

为了顺利实施特高压输变电工程，国家电网公司设立了特高压工程建设领导小组，由该领导小组负责：确定特高压工程建设总体目标；决定特高压工程招标、设备的选型等相关事项；指导、协调、监督工程建设各项工作。同时，可以根据不同需要建立省级属地建设领导小组，负责各自领导责任范围内的特高压工程政处协调有关工作。工程现场建设管理由建设公司设立相应的现场指挥部，具体负责工程建设现场的组织实施工作。

特高压建设部代表国家电网公司行使项目法人职能，负责工程建设全过程的总体管理和监督。生产技术部负责生产准备和运行维护管理工作。建设公司成立建设领导小组，本部职能部门包括变电管理部、线路管理部、安全质量部、计划与物资部等负责工程建设安全、质量、进度、投资控制的监督、检查、协调、指导与服务工作；第一工程建设部、第二工程建设部、第三工程建设部和第四工程建设部等是建设公司派驻现场的常驻机构，负责所辖范围内的现场施工组织协调、安全与质量管理、投资控制及工程合同的执行等工作。

交直流建设公司是特高压交流试验工程建设管理单位，承担输变电工程建设施工阶段的现场管理；经济技术研究院、电科院等分别作为特高压工程的专业支撑单位；属地省级电力公司作为协作管理单位，参与部分工作，如协助施工单位施工场地范围内的拆迁、工程分阶段参与特高压的管理（主要是特高压工程竣工后的验收、调试和试运行工作）等。

5.2.4　用户（业主）主导的特高压输电工程建设管理体系

5.2.4.1　管理体系构建思路

按照集约化、属地化、专业化管理思路，根据国家电网公司特高压工程管理体系的基本思路为公司总部作为管理决策和统筹管控主体，组织开展工程建设实施，负责建设全过程统筹协调和关键环节集约管控；省级电力公司作为现场建设管理主体，具体负责属地工程现场建设管理；直属单位（交直流建设公司、物资公司、信通公司、经研院、中国电科院、国网电科院）作为专业技术支撑机构，负责为总部、省级电力公司提供工程建设业务支撑和技术服务。交直流建设公司同时承担部分工程的现场建设管理任务。各部门具体的职责分别是：

（1）国家电网公司总部为项目管理决策和管控主体。在公司党组的领导和指挥下，特高压部代表公司承担特高压交流工程项目建设总体管理任务，负责确定工程建设目标、里程碑计划，建立总体管理体系。负责建设全过程统筹协调和科研、设计、设备、验收和调试等关键环节集约管控。公司总部特高压部承担项目建设实施总体管理任务，负责确定工程建设目标和计划、建立管理体系；负责全过程统筹协调和科研、设计、设备、验收、调试等关键环节管控；指导、监督、考核建设管理单位业务开展及完成情况等。公司总部办公厅、发展部、财务部、生产部、科技部、基建部、物资部、国际部、国调中心等部门按照职责分工承担前期、计划、资金、生产运行、基建、物资采购及供应、调度等工作的归口管理，并参与配合工程建设。

（2）省级电力公司为项目属地化管理主体。在工程建设中，省电力建设公司作为现场建设管理主体要发挥属地优势，负责工程投资和属地协调等工作；负责属地线路和部分属地变电站工程现场建设管理，负责属地变电站四通一平建设管理，负责出资、前期、征占地、拆迁赔偿、地方关系协调等工作，负责生产准备和运行维护等。

（3）直属专业公司和科研咨询单位为技术支撑或项目建设管理主体。交直流建设公司具有特高压工程管理经验与工程建设专业技术支撑能力，负责特高压线路和变电站（换流站）主体工程现场建设管理，负责现场建设总体技术统筹，负责现场总体管理策划、施工技术创新、重大施工技术方案评审、技术培训、转序验收、专项验收、档案管理等工作，具体负责部分创新引领和重要变电站的现场建设管理。信通公司负责配套通信工程现场建设管理。物资公司负责总部集中供应物资合同执行，组织开展工程物资供应工作。国网经研院、中国电科院等单位作为总部层面的业务支撑单位，分别承担设计技术管理和关键技术研究、设备材料监造、系统调试等工作，并为总部提供技术服务。

（4）工程现场建设指挥。现场建设管理是工程建设管理的重要组成部分，考虑到过渡期省级电力公司层面建设任务较为集中，各省级电力公司管理水平、队伍能力和建设任务不均衡，仍需统筹协调施工进度、技术管理、安全质量管控、地方关系、物资供应等现场管理工作，要成立工程现场建设指挥部，作为建设管理决策和管控主体（公司总部）的现场临时派出机构。工程现场建设指挥部按项目设立，由总部、交直流建设公司、省级电力公司、物资公司、信通公司组成，特高压部担任总指挥，交直流建设公司和省级电力公司担任副总指挥。根据工程建设总体安排，负责现场建设阶段统一指挥、协调推进、监督检查现场建设有关各项工作。业主项目部按变电站工程/线路工程设立，根据现场建设分工安排，由交直流建设公司和省级电力公司负责分别组建，相互参与。

5.2.4.2　特高压输电工程建设管理体系设计

根据特高压输电工程建设管理的思路，其管理体系如图5-6所示。

依照特高压工程管理模式构建的原则和思路，其管理模式应为总部为项目管理决策、管控主体，特高压部承担项目建设实施总体管理任务，负责确定工程建设目标和计划、建立管理体系；负责全过程统筹协调和科研、设计、设备、验收、调试等关键环节管控；指导、监督、考核建设管理单位业务开展及完成情况等。总部办公厅、发展部、财务部、生产部、科技部、基建部、物资部、国际部、国调中心等部门按照职责分工履行归口管理职能，并参与配合工程建设。分部按照总部和分部一体化运作机制，协助总部负责区域内有关协调、监督、检查等管理工作。省级电力公司为项目属地化管理主体，发挥属地优势，负责工程投资和属地协调等工作；负责变电站（换流站）四通一平建设管理；

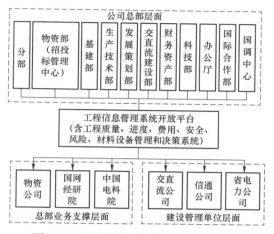

图 5－6　特高压输电工程建设管理体系

负责生产准备和运行维护等。直属专业公司和科研咨询单位为技术支撑或项目建设管理主体。交直流建设公司主要负责特高压线路和变电站（换流站）主体工程现场建设管理。信通公司负责配套通信工程现场建设管理。物资公司负责总部集中供应物资合同执行，组织开展工程物资供应工作。国网经济技术研究院、中国电科院等单位作为总部层面的业务支撑单位，分别承担设计技术管理和关键技术研究、设备材料监造、系统调试等工作，并为总部提供技术服务。

5.2.5　用户（业主）主导的特高压输电工程运行维护机制

特高压输电线路运维检修管理模式采用"以设备全寿命周期为主线，设备状态管理、设备技术标准管理及技术监督管理为支撑，检修专业化集中管理，运行维护一体化管理，积极开展非核心生产业务的外包"的管理新模式，由"状态评价中心＋省检修公司＋地市公司＋省送变电公司"构成，其组织机构如图 5－7 所示。

5.2.5.1　状态评价中心运维业务内容

之前特高压输电线路的技术监督和运维检修分析工作主要由电力科学研究院下设的技术监督室负责。为适应特高压输电线路全寿命周期管理及设备状态检修工作的深入开展，电力科学研究院专门新组建了一个状态评价中心，下设技术监督室、状态监测技术室、状态评价管理室、状态信息管理室等四个部室，在原有技术监督工作的基础上，新增特高压输电线路在线监测选型入网与验收检验、在线监测数据和设备状态的监视、特高压输电设备 CBM 状态评价、状态

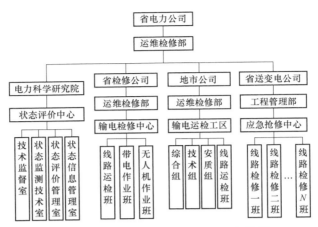

图 5-7 特高压输电工程运维组织机构图

信息管理及状态评价复审等工作职责。

5.2.5.2 省检修公司的运维职责

省级电力公司所属省检修公司是国家电网公司是特高压输电设备新的资产主人，是为适应特高压输电线路检修专业化集中管理工作深入开展而新组建的一个直属公司。其在输电线路专业方面需下设一个输电检修中心，由线路运检班、带电作业班、无人机作业班等三个班组组成，主要负责全省特高压输电线路的检修专业化运作、C 级及以上大修项目和技改项目的组织实施、直升机/无人机巡检工作及灾后普查工作、特高压故障跳闸特殊巡线等工作。省检修公司的职责源自各个地市公司，也不同于单个地市公司的职责，其将对各个地市公司检修管理工作进行一次大整合，统筹协调全省的特高压输电线路检修专业化集中管理。

5.2.5.3 地市公司的运维职责

地市公司的输电运检工区原本下设综合组、技术组、安质组、线路运维班、线路检修班以及带电作业班，统筹负责运维检修、状态评价、技术监督及大型事故抢修等诸多工作。为适应特高压输电线路运维一体化管理工作的深入开展，各个地市公司输电运检工区对班组进行重大调整，原来的线路运维班与线路检修班进行合并成为线路运检班；原本的带电作业班部分班组成员划拨至线路运检班、部分借调至省检修公司带电作业班，以便充实省检修公司带电作业的实施力量。经过调整，各个地市公司输电运检工区下设综合组、技术组、安质组、线路运检班，其主要负责特高压输电线路运维一体化管理工作，参与特高压输电线路专业检修、状态评价、技术监督及大型事故抢修等工作，其工作职责将得到进一步缩减，人员组织结构也将得到进一步精简。

5.2.5.4　省送变电公司的运维职责

侧重基建施工的省送变电公司，其受委托开展的输电线路检修力量都来自基建施工的施工项目部，施工项目部专业检修施工组织的不健全、检修专业人员的技术薄弱、检修装备的落后，远远不能满足特高压输电线路检修专业化管理。为满足特高压输电线路非核心业务外包工作的深入开展，省送变电公司新组建一个应急抢修中心，健全组织机构、重新招聘高素质技术人员、配备先进检修工器具，下设 N 个线路检修班，主要负责特高压输电线路专业化检修工作的实施及大型应急抢修工作，专业化检修能力将得到进一步加强。

5.2.5.5　非核心生产业务外包

根据《国家电网公司生产业务外包工作管理规定》[国家电网运检（2012）798 号]的要求，特高压输电设备运维检修可以充分利用社会资源和社会化服务，开展属于电网设备运维检修业务范围的工作，但核心业务不得进行业务外包。除了核心业务外，在企业自身资源、能力不具备的情况下，或是主营业务中专业性较强、设备使用频率低、资源配置成本高的工作，应最大限度地利用和整合社会化资源，积极开展非核心生产业务的外包，不仅可达到运维、检修质量和企业管理效率提高，还可以达到人力资源和管理成本降低的目的。例如对于技术服务，就可依托企业内外部科研机构，采取合作和行政配置的方式，开展相关业务，以达到资源利用的最大化。

第6章 特高压输电工程用户（业主）创新管理的效果

发展特高压输电为推动我国能源发展方式转变、在全国范围内优化配置资源、实现能源可持续发展提供了战略途径，可提高能源开发利用效率，缓解土地和环保压力，保障国家能源安全，促进区域协调发展。受特高压工程首创性与特殊性影响，工程具体的建设过程中会出现很多亟待解决的问题，我国特高压相关管理部门在管理模式、管理观念上不断创新，聚集各方面有效资源，协调统一各方面有效力量，对工程建设开展了系统化的探究及规划。在用户（业主）主导、依托工程、自主创新、产学研联合为核心的管理创新模式下，我国的特高压工程大规模推广进程开展顺利，并取得了一系列显著成果。总体来看，特高压输电工程用户（业主）创新管理的效果包括经济、技术和社会环境三个层面。

6.1 经济层面的创新管理效果

6.1.1 直接经济效益

直接经济效益是间接经济效益的对称，是指国家、部门或企业从事某经济活动（如建设项目、从事某种产品生产等）直接对本身带来的经济效益。

就特高压工程建设带来直接经济效益而言，主要表现为直接带动电力及相关产业投资、拉动 GDP 增长和增加税收，在此对我国具有代表性的特高压线路及其取得的直接经济效益作简要介绍。

晋东南—南阳—荆门 1000kV 特高压交流试验示范工程于 2009 年正式投入运行，工程起于山西晋东南（长治）变站，经河南南阳开关站，止于湖北荆门变电站。该工程确立了我国在特高压输电领域的领先优势，提升了我国电工装备业的自主创新能力和核心竞争能力，对于建设坚强的特高压骨干网架，促进大水电、大煤电、大核电和大型可再生能源发电基地的集约化开发，实现能源大范围优化配置，促进我国现代能源综合运输体系建设，具有十分重要的意义。工程满负荷运行后，可为湖北省新增北方火电约 300 万 kW，每年可为湖北节约电煤 700 余万 t。工程取得的直接经济效益体现为投入后四年拉动 GDP 增长 3200多亿元。

哈密—郑州±800kV 特高压直流输电工程于 2014 年初正式投入运行，哈密—郑州工程在促进我国能源基地的开发利用，实现大煤电的集约化开发，提高能源资源的开发和利用效益，缓解中东部地区的缺电状况等具有重要意义。工程的正式投运使得"疆电外送"能力由 200 万 kW 增至 1000 万 kW，年输电量由 170 亿 kWh 增至 650 亿 kWh，相当于就地转换标准煤 3100 万 t。对于受端河南来说，则意味着每年可多接收外电最大达 450 亿 kWh，相当于 2013 年河南全省用电量的 15%。作为我国自主设计、制造和建设的特高压线路，该工程充分体现了管理创新模式中"自主创新"方面的要求。工程取得的直接经济效益体现为直接带动新疆电力及相关产业投资 1000 亿元人民币，为新疆本地创造近60 亿元的新增经济总量，拉动 GDP 增长近 1 个百分点，与此同时，拉动河南GDP 增长 2500 亿元。

灵州—绍兴±800kV 特高压直流输电工程于 2014 年正式开工，于 2016 年建成投运。工程起于宁夏银川市灵州换流站，止于浙江诸暨市绍兴换流站，途经宁夏、陕西、山西、河南、安徽、浙江 6 省区，线路全长 1720km，工程建成后，将与宾金特高压直流输电工程水火互济，对于缓解浙江地区电力供需矛盾、保障华东电网安全可靠供电具有重要意义。工程取得的直接经济效益体现为开工建设后，加上需要打捆的风电、光伏发电等新能源项目，可直接带动宁夏电力及相关产业投资 800 亿元，是宁夏地区历史上投资拉动效应最为显著的标志性工程。

蒙西—天津南 1000kV 交流特高压工程于 2015 年正式开工，于 2016 年正式投运，工程途经内蒙古、山西、河北、天津 4 省（自治区、直辖市）。工程对于促进蒙西与山西能源基地开发，加快资源优势向经济优势转化，拉动内需和经济增长，促进区域经济协调发展，带动装备制造业转型升级，提高华北地区电网承载能力，满足京津冀地区用电需求，支撑国家能源消耗强度降低目标实现，落实国家大气污染防治行动计划，改善大气环境质量等均具有十分重要的意义。工程取得的直接经济效益体现为直接带动电力及相关产业投资约 438 亿元。每年拉动 GDP 增长 56 亿元，增加税收 11 亿元。

榆横—潍坊 1000kV 特高压交流输变电工程于 2015 年正式开工，于 2017 年 8 月建成投运，途经陕西、山西、河北、山东 4 省。工程标志着特高压电网进入全面提速、大规模建设的新阶段。工程全面采用我国自主开发的特高压交流输电技术和装备，充分体现了管理创新模式中"自主创新"方面的要求。除此之外，该工程对于促进陕西与山西能源基地开发，加快资源优势向经济优势转化，拉动内需和经济增长等具有十分重要的意义。工程取得的直接经济效益体现为直接带动电力及相关产业投资 602 亿元，每年拉动 GDP 增长 77 亿元，增加税收 14 亿元。

酒泉—湖南±800kV 特高压直流输电工程于 2015 年正式开工，于 2017 年 6 月正式投运，工程起于甘肃酒泉，途经甘肃、陕西、重庆、湖北、湖南 5 省（市），止于湖南湘潭县。作为首条直接为湖南供电的特高压线路，该工程每年可为湖南输送 400 亿 kWh 电量，相当于 6 个长沙电厂的年发电量，能够满足湖南超过 1/4 的用电需求，为湖南能源供应提供可靠电力保障。工程对于促进甘肃能源基地开发，扩大新能源消纳范围，加快资源优势向经济优势转化，拉动内需和经济增长，带动装备制造业转型升级，提高系统新能源消纳能力，满足华中地区用电需求，支撑国家能源消耗强度降低目标实现，落实国家大气污染防治行动计划，改善大气环境质量等均具有十分重要的意义。工程取得的直接经济效益体现为直接带动电力及相关产业投资约 655 亿元，每年拉动 GDP 增长 84 亿元，增加税收 16 亿元。

晋北—南京±800kV 特高压直流输电工程于 2015 年正式开工，于 2017 年 6 月建成投运。工程途经山西、河北、河南、山东、安徽、江苏 6 省。工程全面采用我国自主研发的特高压直流输电技术和装备。工程将有力促进山西能源基地集约化开发，以输电替代输煤，推进火电、风电联合外送，提高资源利用效率，实现风电等新能源大范围消纳，有力促进当地资源优势转化为经济优势。工程取得的直接经济效益体现为直接带动电力及相关产业投资 655 亿元，每年拉动 GDP 增长 52 亿元，增加税收 10 亿元。

锡盟—胜利 1000kV 特高压交流输变电工程于 2016 年正式开工，于 2017 年 6 月建成投运。工程就近汇集 7 个在建配套电源点项目共 862 万 kW 的电源装机，并与正在建设中的锡盟—山东 1000kV 特高压交流工程、锡盟—泰州 ±800kV 特高压直流输电工程相连接，是支撑相关电源项目尽早并网发电、保障两条特高压通道如期实现电力外送的关键枢纽工程。工程不仅对保护我盟草原生态环境、推动产业结构调整和转型升级、促进经济社会持续健康发展具有重要意义，而且对改善我国能源供给侧结构性改革、提升能源综合利用水平、优化首都和华东地区的大气环境，起到直接促进作用。工程取得的直接经济效益体现为直接带动电力及相关产业投资 824 亿元，每年拉动 GDP 增长 73 亿元，增加税收 14 亿元。

准东—皖南 ±1100kV 特高压直流输电工程于 2016 年正式开工，2019 年 9 月建成投运。工程起于新疆昌吉自治州昌吉换流站，止于安徽宣城市古泉换流站，途经新疆、甘肃、宁夏、陕西、河南、安徽 6 省（区），工程投运后，将有力保障长三角区域电力供应，促进新疆的能源资源优势转化成经济优势，对于打造"丝绸之路经济带核心区"，转变能源发展方式，促进煤炭以及风能、太阳能等清洁能源参与全国范围内优化配置等，均具有重要的意义。工程取得的直接经济效益体现为直接带动电力及相关产业投资约 1018 亿元，每年拉动 GDP 增长 130 亿元。

根据相关统计口径的数据，2015～2020 年，包括"八交十直"特高压工程在内的电网工程规划总投资 3.3 万亿元，带动电源和煤矿投资 3.2 万亿元，合计 6.5 万亿元，年均拉动 GDP 增长超过 0.8%，增加税收 1500 亿元。总体而言，在用户（业主）主导、依托工程、自主创新、产学研联合为指导的管理创新模式下，我国的特高压工程取得的直接效益尤为显著。

6.1.2　间接经济效益

间接经济效益亦称波及效益或扩波效益，是直接经济效益的对称。提高间接经济效益的途径有两种，一种是某部门进行某种投入后，诱发与之有技术经济联系部门的产出增加，从而带来间接经济效益；另一种是某部门进行某种投入后，使与之有技术经济联系的部门的生产要素投入量降低，从而带来间接经济效益。

就特高压工程建设带来间接经济效益而言，上述两种提高经济效益的途径均有体现，分别表现为带动特高压建设相关产业的发展和减少相关电力部门生产要素的投入。前者具体包括消化钢铁、原铝、水泥等产业过剩产能，推动智能电网及电子信息、通信、物联网等新兴产业发展，带动电工装备业走出去，后文 6.3.3 节中包含特高压工程建设推动产业发展情况的相关介绍，此处不再展开。后者包括节约装机、降低网损、减少弃水、提升火电设备利用率、节约土地资源、提高电网的安全运行水平、避免 500kV 电网重复建设等。与采用传统 500kV 方案相比，特高压交流试验示范工程可节省走廊占地 1/2 至 2/3，减少输电损耗 2/3。

特高压工程带来的具有代表性的间接效益体现为增加输变电设备制造业产值，具体表现为：榆横—潍坊 1000kV 特高压交流输变电工程的建设将增加输变电设备制造业产值 109 亿元；蒙西—天津南 1000kV 交流特高压输变电工程将增加输变电设备制造业产值 79 亿元；榆横—潍坊 1000kV 特高压交流输变电工程的建设将增加输变电设备制造业产值 109 亿元；酒泉—湖南 ±800kV 特高压直流输电工程将增加输变电设备制造业产值 118 亿元；晋北—南京 ±800kV 特高压直流输电工程将增加输变电设备制造业产值 118 亿元；锡盟—胜利 1000kV 特高压交流输变电工程将增加输变电设备制造业产值 162 亿元；昌吉—古泉 ±1100kV 特高压直流输电工程将增加输变电设备制造业产值 285 亿元；锡盟—泰州 ±800kV 和上海庙—山东 ±800kV 两条特高压直流输电工程将增加输变电装备制造业产值 213 亿元；扎鲁特—青州 ±800kV 特高压直流输电工程将增加输变电设备制造业产值 144 亿元。

可见，特高压在消化产能、节约资源等方面取得了良好的成效，而用户（业主）主导的特高压输电工程自主创新管理模式能够有效带动业主地区特高压周边设备制造产业的发展，产生可观的间接效益。

6.2 技术层面的创新管理效果

6.2.1 技术标准体系

技术标准的体系化和健全化是我国的特高压技术水平的重要体现。在用户

（业主）主导的特高压输电工程自主创新管理模式引领下，我国的特高压技术呈现交流和直流均衡发展的态势，目前已经分别围绕特高压交流输电技术和直流输电技术提出了一系列技术标准。

6.2.1.1　特高压交流输电技术标准体系

目前制定的特高压交流输电标准体系主要包括通用技术、设计、设备订货技术条件、施工及验收、运行维护、设备试验方法、设备制造 7 类。

（1）通用技术类标准。通用技术类标准是指在设计、订货、运行维护等多方面都有可能用到的标准，包括 1000kV 系统高压输变电工程过电压及绝缘配合暂行技术规定等 6 个标准，如表 6 - 1 所示。主要包括了特高压交流输电的绝缘配合、电磁环境、自动化系统、安全稳定等方面的基础标准。

表 6 - 1　　　　　　　通 用 技 术 类 标 准

序号	标准名称
1	1000kV 系统高压输变电工程过电压及绝缘配合暂行技术规定
2	1000kV 变电站自动化系统
3	1000kV 电力系统电压和无功电力技术导则
4	1000kV 电力系统安全稳定控制技术导则
5	1000kV 输电线路电磁环境和噪声选择标准
6	1000kV 系统继电保护、安全自动装置及监控系统技术规范

（2）设计类标准。设计类标准主要针对特高压交流输电工程的设计单位和其他相关部门，包括了变电站、架空线路、杆塔结构等几方面的内容，如表 6 - 2 所示。

表 6 - 2　　　　　　　设 计 类 标 准

序号	标准名称
1	1000kV 变电站设计暂行技术规定
2	1000kV 架空送电线路设计暂行技术规定
3	1000kV 架空送电线路杆塔结构设计技术规定

（3）设备订货技术条件标准。该类标准主要包括了特高压交流输电工程中各个设备的技术规范、导则，对特高压工程主要设备的性能和使用条件加以明确说明，如表 6 - 3 所示。

表 6-3　　　　　　　　　　　　设备订货技术条件标准

序号	标准名称
1	1000kV 级系统用油浸式电力变压器技术规范
2	1000kV 级系统用油浸式并联电抗器技术规范
3	1000kV 级系统用气体绝缘金属封闭开关设备技术规范
4	1000kV 级系统用高压断路器技术规范
5	1000kV 级系统用无间隙金属氧化锌避雷器技术规范
6	1000kV 级系统用交流隔离开关和接地开关技术规范
7	1000kV 级系统用支柱瓷绝缘子技术规范
8	1000kV 级系统用套管技术规范
9	1000kV 级系统用电容式电压互感器技术规范
10	1000kV 级系统用瓷芯复合绝缘子技术规范
11	1000kV 架空线路金具技术规范
12	1000kV 级系统用并联电抗器中性点小电抗器技术规范
13	1000kV 级系统用 SF_6 电流互感器技术规范
14	1000kV 级系统用阻波器技术规范
15	1000kV 级系统低压侧干式空心串联电抗器技术规范
16	1000kV 变压器保护装置技术要求
17	1000kV 电抗器保护装置技术要求
18	1000kV 线路保护装置技术要求
19	1000kV 母线保护装置技术要求

（4）施工及验收标准。该类标准主要包括施工与设计方面的具体内容，如特高压线路和变电站施工规程、设备验收试验、施工质量检验及评定规程等，以满足工程施工和验收需要，如表 6-4 所示。

表 6-4　　　　　　　　　施 工 及 验 收 标 准

序号	标准名称
1	1000kV 架空送电线路勘测技术规程
2	1000kV 系统电气装置安装工程电气设备交接试验标准
3	1000kV 送变电工程启动及竣工验收规程
4	1000kV 架空电力线路施工及验收规范
5	1000kV 架空送电线路施工及验收规范
6	1000kV 电力变压器、油浸电抗器、互感器施工及验收规范

续表

序号	标准名称
7	1000kV 高压电器（GIS、隔离开关、避雷器）施工及验收规范
8	1000kV 变电站构支架制作安装及验收规范
9	1000kV 变电站母线制作安装及验收规范
10	1000kV 变电站电气设备施工质量检验及评定规程

（5）运行与维护标准。该类标准主要包括运行维护方面的具体内容，如线路和变电站设备运行规程、带电作业技术导则、电能计量装置技术管理规程等，以满足工程投运后在运行和维护时的需要，如表6-5所示。

表6-5　　　　　　运 行 与 维 护 标 准

序号	标准名称
1	1000kV 变电站运行规程
2	1000kV 架空送电线路运行规程
3	1000kV 输电线路带电作业技术导则
4	1000kV 系统用气体绝缘金属封闭开关设备运行及维护规程
5	1000kV 电能计量装置技术管理规程

（6）设备试验方法标准。该类标准主要包括了与高压交流输电工程相关的试验方法，包括设备预防性试验、现场试验等方面的内容，如表6-6所示。

表6-6　　　　　　设 备 试 验 方 法 标 准

序号	标准名称
1	1000kV 系统电气装置安装工程电气设备预防性试验标准
2	1000kV 系统电力设备现场试验实施导则
3	1000kV 带电作业用屏蔽服装试验方法
4	1000kV 级交流高压断路器合成试验技术条件

（7）设备制造标准。该类标准主要包括了与特高压变电站主设备制造相关的一些标准，如变压器、电压互感器、断路器、并联电抗器等，以满足工程设备制造的需要，具体如表6-7所示。

表 6-7   设 备 制 造 标 准

序号	标准名称
1	1000kV 交流输电用电力变压器绝缘水平、绝缘试验和外绝缘空气间隙
2	1000kV 交流输电用电容式电压互感器
3	1000kV 交流输电用交流断路器
4	1000kV 交流输电用交流隔离开关和接地开关
5	1000kV 交流输电用耦合电容器和电容分压器
6	1000kV 交流输电用气体绝缘金属封闭开关设备
7	1000kV 交流输电系统继电保护
8	1000kV 交流输电用电力变压器承受短路的能力
9	1000kV 级油浸式可控并联电抗器

6.2.1.2 特高压直流输电技术标准体系

目前制定的特高压直流输电标准体系主要包括通用技术、设计、设备订货技术条件、施工及验收、运行维护、设备试验方法、系统控制与保护等 7 类。

（1）通用技术类标准。特高压直流输电技术标准体系通用技术类标准包括高压直流输电术语等 24 个标准。主要包含高压直流输电的系统性能、电磁环境、绝缘配合、污秽划分、试验等方面的基础标准，考虑到 ±800kV 换流站电气设备交接试验等 9 个标准和电压等级密切相关，在标准体系里也进行了列示，如表 6-8 所示。

表 6-8   通 用 技 术 类 标 准

序号	标准名称
1	高压直流输电（HVDC）术语
2	高压直流输电系统性能：第 1 部分 - 稳态条件
3	高压直流（HVDC）系统性能：第 2 部分 - 故障和操作
4	高压直流（HVDC）系统性能：第 3 部分 - 动态条件
5	高压直流工程电磁环境规范
6	高压直流输电接地极技术导则
7	高压直流架空送电线路技术导则
8	高压直流换流站过电压和绝缘配合导则
9	直流输电线路对电信线路危险影响设计技术规定
10	高压直流输电线路工程施工质量检验及评定规程

续表

序号	标准名称
11	高压直流换流站电气设备交接试验标准
12	高压直流换流站设备投运试验标准
13	直流污秽等级的划分
14	换流站噪声标准
15	高压直流输电换流站损耗的测定
16	±800kV 换流站电气设备交接试验标准
17	±800kV 级直流工程电磁环境规范
18	±800kV 级直流系统绝缘配合导则
19	±800kV 级直流工程电气设备预防性试验
20	±800kV 直流架空输电线路电磁环境限值
21	±800kV 级直流系统接地极技术规范

（2）设计类标准。该类标准主要针对设计单位和其他相关部门，包括线路、换流站、通信等几方面内容，如表 6-9 所示。

表 6-9　　　　　　　　　设 计 类 标 准

序号	标准名称
1	高压直流工程线路设计规范
2	高压直流工程换流站设计规范
3	高压直流输电接地极设计规程
4	直流输电线路对电信线路危险影响设计技术规定
5	高压直流换流站站用辅助电源设计技术规定
6	直流输电系统对电信干扰
7	高压直流输电系统成套设计规程
8	±800kV 级直流工程线路设计规范
9	±800kV 级直流工程换流站设计规范
10	±800kV 特高压直流输电系统成套设计规程

（3）设备订货技术条件标准。该类标准主要包括高压直流输电工程中各个设备的技术规范、导则，内容是对设备的性能和使用条件加以明确说明，如表 6-10 所示。

表 6－10　　　　　　　　　　　设 备 技 术 条 件 标 准

序号	标准名称
1	高压直流输电系统用换流阀技术规范
2	高压直流输电系统用换流变压器技术规范
3	高压直流输电系统用干式平波电抗器技术规范
4	高压直流输电系统用油浸式平波电抗器技术规范
5	高压直流输电系统直流滤波器技术规范
6	高压直流输电系统用高压隔离开关技术规范
7	高压直流输电系统交流滤波器技术规范
8	高压直流系统输电测量设备技术规范
9	高压直流输电系统断路器技术规范
10	高压直流输电系统用金属氧化物避雷器技术规范
11	高压直流输电系统用支柱绝缘子技术规范
12	高压直流输电系统用套管技术规范
13	高压直流输电用晶闸管阀电气试验
14	高压直流输电系统控制和保护技术规范
15	高压直流输电系统计量规范
16	高压直流输电工程电气设备监造导则
17	高压直流换流站消防系统技术规范
18	高压直流换流站阀冷却系统技术规范
19	复合绝缘子、玻璃和瓷绝缘子技术导则
20	直流输电系统用交直流 PLC 滤波器设备技术规范
21	±500kV 棒形悬式直流绝缘子技术条件
22	±800kV 级直流系统用换流阀技术规范
23	±800kV 级直流系统用换流变压器技术规范
24	±800kV 级直流系统用干式平波电抗器技术规范
25	±800kV 级直流系统用油浸式平波电抗器技术规范
26	±800kV 级直流系统直流滤波器技术规范
27	±800kV 级直流系统用高压隔离开关技术规范
28	±800kV 级直流系统交流滤波器技术规范
29	±800kV 级直流系统测量设备技术规范
30	±800kV 级直流系统断路器技术规范
31	±800kV 级直流系统用金属氧化物避雷器技术规范
32	±800kV 级直流系统用支柱绝缘子技术规范

序号	标准名称
33	±800kV 级直流系统用套管技术规范
34	±800kV 级直流系统控制和保护技术规范
35	±800kV 级直流系统计量规范
36	±800kV 级直流工程电气设备监造导则
37	±800kV 棒形悬式直流绝缘子技术条件
38	±800kV 直流输电系统用交直流 PLC 滤波器设备技术规范
39	±800kV 高压直流换流站消防系统技术规范
40	±800kV 高压直流换流站阀冷却系统技术规范

（4）施工及验收标准。该类标准主要包括施工与设计方面的具体内容，如直流输电线路和换流站施工规程、设备验收试验、系统调试规程等，用于满足工程施工和验收需要，如表 6-11 所示。

表 6-11　施 工 及 验 收 标 准

序号	标准名称
1	高压直流输电线路施工及验收规范
2	高压直流换流站电气装置施工质量检验及评定规程
3	高压直流设备验收试验标准
4	高压直流输电工程启动及竣工验收规程
5	高压直流输电系统调试规程
6	高压直流换流站施工及验收规范
7	二次设备交接试验
8	高压直流换流站分系统试验标准
9	±800kV 级换流站施工及验收规范
10	±800kV 换流站电气装置施工质量检验及评定规程
11	±800kV 级换流站设备验收试验标准
12	±800kV 换流站交流场电气设备施工及验收规范
13	±800kV 换流站直流场电气设备施工及验收规范
14	±800kV 高压直流输电线路施工及验收规范
15	±800kV 高压直流输电分系统试验标准
16	±800kV 高压直流输电工程启动及竣工验收规程
17	±800kV 高压直流输电系统调试规程

（5）运行与维护标准。该类标准主要包括运行维护方面的具体内容，如高压直流输电线路和换流站运行导则、设备可靠性评价、带电作业、保护和计量的定检等，用于满足工程投运后在运行和维护时的需要，如表6-12所示。

表6-12   运　行　与　维　护　标　准

序号	标准名称
1	高压直流换流站运行导则
2	高压直流架空输电线路运行导则
3	高压直流系统运行导则
4	高压直流工程电气设备预防性试验
5	高压直流线路带电作业技术规范
6	直流输电系统安全性评价
7	直流输电系统可靠性统计评价规程
8	高压直流输电控制、保护及计量定检规范
9	高压直流工程电磁环境规范
10	±800kV级直流换流站运行导则
11	±800kV级直流架空输电线路运行导则
12	±800kV级高压直流系统运行导则
13	±800kV级直流线路带电作业技术规范
14	±800kV级直流工程电磁环境规范
15	±800kV级直流输电控制、保护及计量定检规范
16	±800kV级直流输电系统可靠性统计评价规程

（6）设备试验方法标准。该类标准主要包括与高压直流输电工程相关的试验方法，包括设备试验、研究试验、电磁环境测试等方面的内容，如表6-13所示。

表6-13   设　备　试　验　方　法　标　准

序号	标准名称
1	直流叠加冲击试验技术
2	直流绝缘子串覆冰闪络试验方法
3	直流套管大雨闪络试验方法
4	直流复合绝缘子试验方法
5	换流站导体可见电晕与电晕噪声的测试技术
6	直流无线电干扰测试方法

续表

序号	标准名称
7	直流线路带电作业方式
8	直流避雷器试验方法
9	直流换流站与线路合成场强、离子流密度自动测试方法
10	直流接地极接地电阻、地电位分布、跨步电压及散流测试技术
11	换流变压器现场局部放电测试技术

（7）系统控制与保护标准。由于高压直流输电系统的控制与保护标准比较特殊和复杂，在体系表中单独列出，如表 6－14 所示。

表 6－14　　　　　　　　　　　系统控制与保护标准

序号	标准名称
1	高压直流输电系统控制与保护设备　第 1 部分：运行人员控制系统
2	高压直流输电系统控制与保护设备　第 2 部分：交直流系统站控设备
3	高压直流输电系统控制与保护设备　第 3 部分：直流系统极控设备
4	高压直流输电系统控制与保护设备　第 4 部分：直流系统保护设备
5	高压直流输电系统控制与保护设备　第 5 部分：直流线路故障定位装置
6	高压直流输电系统控制与保护设备　第 6 部分：换流站暂态故障录波系统
7	高压直流输电系统控制与保护设备　第 7 部分：保护故障录波信息管理子站
8	高压直流输电系统控制与保护设备　第 8 部分：远动通信设备
9	高压直流输电系统控制与保护设备　第 9 部分：电能量计量系统

6.2.2　设备研发

6.2.2.1　特高压输电线路设备研制

（1）塔型选择。杆塔是支撑架空输电线路导线和地线并使它们之间以及与大地之间的距离在各种可能的大气环境条件下，符合电气绝缘安全和工频电磁场限制的杆型和塔型的构筑物。对我国特高压输电线路的杆塔，需根据特高压线路的绝缘配合、线路回数、地形、地质条件等，并参照国内外超高压、特高压线路杆塔的使用经验选择合适的塔型。

目前，特高压线路可采用的基本塔形包括拉线塔、单回路和双回路自立塔、单回路转角塔等。

拉线塔受力清晰，结构合理，具有用钢量少的优点，但它具有占地面积大，运行维护比较困难等缺点。单回路自立塔包括了自立式猫头塔和自立式酒杯塔，它占地小，适用地形广，适用于土地占用费较高的地区。双回路塔，与两个单回路相比，少一个线路走廊，可显著减少走廊宽度。

针对以上几种基本塔形的特点，我国特高压杆塔主要按照以下原则选用：

1）拉线塔可节省钢材，但占地大。由于拉线的要求，拉线塔只能在平原、丘陵地区使用，而不能在以山区地形为主的地区使用。建设特高压输电线路的目的之一是为了节约输电线路走廊，减少占用耕地面积。因此，我国特高压输电线路不宜采用拉线塔。

2）在我国 1000kV 特高压输电线路工程中，应因地制宜地使用酒杯塔和猫头塔这两种自立塔型。如我国的第一条 1000kV 交流特高压输电试验示范工程晋东南—南阳—荆门输电线路。为减少输电走廊的宽度，压缩用地，平原地区可采用三相导线三角形排列的猫头型杆塔，而山丘地区则采用三相导线水平排列的酒杯型杆塔。

3）国内外同塔双回路铁塔，一般多采用三层或四层横担的伞型或鼓型塔型，三相导线垂直排列，可以有效减少线路走廊宽度。我国 1000kV 同塔双回输电线路宜选用这种塔型。

（2）绝缘子选型。随着环境条件的恶化和输电电压的提高，电力系统外绝缘的污闪事故不断加剧。对于特高压输电线路，由于其绝缘子串较长，较超高压输电线路更容易遭受污闪。因此，对特高压输电线路的防污闪问题要引起高度重视。

对于特高压交流和直流，在同样条件下，特高压直流绝缘子比特高压交流绝缘子更易受到污染。首先，直流线路产生直流电场，存在静电吸尘效应，积污速度非常快。如±500kV 葛南直流线路在相同条件下，直流线路绝缘子积污速度明显高于其他交流线路，盐密值为交流的 1.5～2.5 倍，污秽等级全部达到 3 级污秽区标准。当直流线路电压等级升至±800kV，绝缘子表面场强加剧，导致积污问题更加严重，伴随闪络跳闸故障的可能。其次，绝缘子的直流耐压随污染度的增大而降低，而且比交流时下降得更多。此外，直流绝缘子在运行中会遇到电化腐蚀问题，导致绝缘子损坏。

由于特高压直流绝缘子染污速度快、电气强度下降得多、腐蚀问题严重，因此对于同一绝缘子，在特高压直流情况下的污闪问题会比特高压交流情况更严重。

在特高压输电工程用户创新管理模式下，我国输电工程项目在解决污闪问题方面已经取得了较大成果。例如，晋东南—南阳—荆门 1000kV 特高压交流试验示范工程为攻克污秽地区特高压工程的外绝缘配置难题，大规模采用有机外绝缘新技术，在世界上首次采用特高压、超大吨位复合绝缘子和复合套管，结合高强度瓷/玻璃绝缘子、瓷套管的使用，实现了技术、经济的有机结合。

另外，在绝缘子研发方面，也取得了一定的成就。皖电东送特高压交流工程中，全面攻克了特高压盆式绝缘子设计、制造和试验检测核心技术难题，成功实现盆式绝缘子国产化，机电强度和质量稳定性国际领先，失效概率降至万分之一的水平、整体可靠性大幅提高，打破了国外垄断；淮南—南京—上海 1000kV 特高压交流输变电工程中，首次在特高压同塔双回输电线路中使用 Y 型绝缘子串，在同等条件下较 V 型串杆塔指标有明显降低。有效地降低了塔重和基础工程量，杆塔综合造价每千米可节省约 27 万元。经济优势明显。

（3）导线选型。导线的特性不仅决定了跨越塔的高度和运行张力，而且也决定了电能输送性能，包括它的损耗、效率以及电气和机械方面的过载能力。导线的选择决定了工程主体上的技术性能和经济特性。

我国的输电工程项目在导线的技术性和经济性两方面都取得了一定的成果。

技术性能方面，"皖电东送"工程中，成功研制 725 扩 900 的大截面疏绞型扩径导线，在线路工程耐张塔跳线和变电站进出线档中应用，降低了导线表面场强，控制了电磁环境指标；同时，该工程在世界上首次研制成功并示范使用特高压交流线路避雷器，有效减少了特殊塔位落雷密度异常而导致频繁的雷击跳闸现象。

经济特性方面，我国特高压输电工程项目取得的成就更为明显。例如，淮南—南京—上海 1000kV 特高压交流输变电工程中，根据 PHC 管桩的适用条件，首次在 1000kV 输电线路中采用 PHC 桩基础并进行了相关试验工作，取得了良好的效果。该桩型在相同荷载与地质条件下，较软土地基中常用的灌注桩基础本体造价低，节约造价约 6%～20%，经济效益显著。锡盟—山东特高压交流输变电工程中，使用地线换位和地线分段绝缘运行方式，使用这种地线运行方式在线路满载运行条件下最多可以降低地线电能损耗 500 万元/百千米年，取得了良好的经济性，有效避免了采用逐塔接地方式导致的较大的电能损耗。

6.2.2.2　特高压变电站和换流站设备研制

在特高压 1000kV 交流系统中，特高压变电站主要担负着电压变换这一重要任务，其主要作用有提高输电电压，减少电能损失；降低电压，分配电能；集中电能，控制电力流向；调整电压，提高电压质量，满足用户的要求等四个方面。在特高压 $\pm800kV$ 直流系统中，两端换流站直流侧均采用每极 2 个 12 脉动阀组串联接线，电压为 $\pm(400+400)kV$，并采用单相双绕组换流变压器，每极 12 台。可以说，特高压变电站和换流站的设计和建设是我国特高压输变电工程的关键之一。

特高压变电站和换流站的主要设备如表 6−15 所示。

表 6−15　　　　　　　　　特高压变电站和换流站的主要设备

	1000kV 变电站	$\pm800kV$ 换流站
主要设备	主变压器、并联电抗器、断路器、隔离开关、高速接地开关、GIS、交流测量设备、避雷器、支柱绝缘子、套管等	换流变压器、平波电抗器、换流阀、滤波器、接地极、隔离开关、断路器、直流测量设备、避雷器、绝缘子、套管等

6.2.3　系统开发

特高压输电系统电压高、电流大，输送距离远，对环境以及电网安全的影响成为备受关注的焦点问题。为了充分发挥特高压输电系统在能源大规模、大范围配置方面的能力，我国特高压输电工程项目从系统安全性、系统可靠性及系统运行特性和控制规律三方面进行了创新研究，取得了一系列技术成果如下：

（1）系统安全性。

1）过电压深度抑制。采用高抗、断路器合闸电阻和高性能避雷器联合控制特高压系统过电压，同时采用高性能避雷器抑制 500kV 侧的传递过电压，成功实现过电压深度抑制目标，进一步提高了特高压变电站的整体安全性。

2）雷电防护。"皖电东送"工程中，综合利用雷电定位系统观测数据及"海拉瓦"地形参数，采用电气几何模型法与先导法对全线 1421 基杆塔逐基、逐段进行防雷计算，全面优化设计，雷击跳闸率设计值不超过 0.1 次/（百千米·年），与单回特高压线路（平均高 77m）相当，优于常规 500kV 工程水平，成功解决长线路、高杆塔（平均高 108m）雷电防护世界级难题。

（2）系统可靠性。

1）特快速暂态过电压（VFTO）测量与控制。基于真型试验及工程实测结果，成功研制性能指标国际领先的 VFTO 测量系统，提出变电站 VFTO 仿真计算方法，部分取消隔离开关阻尼电阻，显著提高了可靠性、降低了成本。

2）GIS 伴热带加热装置。通过采用 GIS 本体伴热带，有效解决冬季 SF_6 液化风险，保证设备低温环境可靠运行；通过采用专用高抗低温加热装置，解决高抗低温启动问题，提高系统运行可靠性。

（3）系统运行特性和控制规律。

1）电磁环境控制。基于"皖电东送"试验示范工程运行特性的长期观测、同塔双回试验线段及电晕笼的大量实验，掌握了特高压交流线路在各种天气条件下的可听噪声特性，提出计算修正公式，为各电压等级线路优化设计创造了条件。

2）空气间隙绝缘。基于典型电极放电试验和真型铁塔、构架试验，掌握了特高压双回路杆塔及变电站的空气间隙放电技术规律，获得了完整空气间隙放电特性曲线。

3）特高压电网安全稳定水平仿真计算。晋东南—南阳—荆门 1000kV 特高压交流试验示范工程中，在世界上首次开展了特高压电网安全稳定水平的大规模仿真计算分析，结合发电机及励磁系统的实测建模，以及系统电压控制、联网系统特性试验结果，研究掌握了特高压电网的运行特性，提出了特高压电网的运行控制策略并成功实施。

6.2.4 人才培养

特高压技术突破的背后是庞大的人才队伍支撑。2005 年，国家电网公司召开专门会议启动特高压工程项目，项目在启动之初就汇聚了 30 多名院士，9 所高等院校，500 多家建设单位以及 200 多家设备厂家开展联合攻关。从特高压工程启动到项目实施的全过程中，项目业主通过开展全员教育培训，加强特高压技术和管理人才的培养，加快了人才培养与队伍建设；通过统筹教育培训资源，合理安排培训内容；通过全面开展专业调考，以考促培、以考促学、以考促训，促进了员工业务水平快速提升，为特高压技术的研发和实施提供了有力的人才保障。用户（业主）创新管理模式下的特高压人才培养体系包括以下方面。

（1）采用校企合作的方式，强化生产人员特高压理论知识。通过依托国内知名高校在特高压交直流输电方面有着深厚的理论研究基础，采用"请进来、送出去"的方式，开展特高压集中培训。培训形式可以采用短期培训进行特高压知识普及；或采用时间较长、脱产学习的方式，系统深入地学习特高压的专业理论知识。

（2）建设试验、实训基地，搭建人才培养硬件平台建设特高压相关专业的试验基地，满足特高压重点课题的试验、研究需要，为锻炼和储备特高压人才提供硬件支持。建设特高压输电线路检修与运行，特高压变电站（换流站）检修与运行的实训基地，满足大规模运行维护人员实际技术技能培训的需要。

（3）培养培训师资，满足自主培训需要。采用选拔和培养的方式，在研究院所、建设单位、运行单位、修试单位和培训中心选拔技术技能成长较快、成熟较早的技术技能佼佼者，通过专业技术技能知识的深化培训和内训师授课技艺培训，形成一支稳定的特高压内训师队伍。内训师队伍重点倾向于人员需求量大的运行和检修两大专业。

（4）进行多样化的人员培训，完善培训模式。① 跟班实习。在公司各单位选派人员到已建成的特高压变电站学习特高压运行经验，熟悉特高压变电站一、二次设备的运行维护等专业技术知识，将理论应用到实践中，进一步提升特高压人才的动手能力和实践能力。② 课题研究。组织公司各单位人员对特高压规划方案、特高压对本省区电网影响、特高压交直流输电特性等进行研究，进而掌握特高压电网的规律和特性。通过课题研究方式，一方面解决了特高压电网发展的技术难题，另一方面直接锤炼了公司系统的科技人才，使之掌握了特高压交直流输电的规律和特性。③ 项目锻炼。在公司各单位选派人员参与特高压工程的设计、施工管理、电气安装调试等工作。通过项目锻炼方式培养一批积极探索、敢于创新、勇于实践的工程技术人员。这对特高压电网建设和运行人才培养和储备，起到了非常重要的作用。④ 技术交流。探索多种方式，组织省级电力公司相关单位和部门，深入开展科研、设计、施工、制造、运行单位之间的交流，让施工和运行单位更深刻地了解设计意图，也让设计单位和制造单位在设备或材料细节的设计上能更好地考虑施工的可行和便利。以解决问题为导向的跨领域的交流和研讨能更好地培养人才的实践能力和考虑问题的视野。

截至 2015 年底，国家电网公司采取专题培训、技术交流和国际合作等多种方式，培养了 5000 余名特高压及智能电网规划、科研、设计和运行检修人才。人才引进方面，2006 年国家电网公司面向海内外为其直属的 5 家科研机构公开招聘 100 名高端科技人才，其中包括 4 名院士、42 名首席专家和 54 名学术带头人。2011 年，国家电网公司启动特高压专项人才开发计划，依托设备、建设、运行等直属单位，培养引进特高压人才 100 名。

6.3 社会环境层面的创新管理效果

在管理创新模式引领下，特高压输电工程建设效率将大幅度提升。在直接层面上，形成结构坚强的受端电网和送端电网，电力承载能力显著增强，实现大水电、大煤电、大核电、大规模可再生能源的跨区域、远距离、大容量、低损耗、高效率输送，显著提升区域间电力交换能力。在间接层面上，该管理创新模式通过提升特高压输电工程建设效率，加快了特高压输电工程建设进程，使特高压输电工程最大程度上体现了其为社会环境创造的价值，在节能减排、促进新能源消纳、带动就业和产业发展等方面发挥重要作用，本节主要从以上三方面对管理创新模式下的特高压输电工程为社会环境创造的价值展开深入分析。

6.3.1 节能减排

传统的过度依赖输煤的能源配置方式和就地平衡的电力发展方式使环境污染问题日益突出。特高压管理创新模式的应用有效的加快了特高压输电工程建设的步伐，使得能源配置方式由"过度依靠输煤"转变为"输煤与输电并举"，在保障能源供应的同时最大限度降低生态环境压力，有效缓解节能减排压力。依托特高压输电工程，既可统筹利用东西部环境容量，通过从能源富足、减排压力较小的省份向东部负荷中心输电，解决东部日益加剧的环境问题，也通过与煤电等打捆方式，实现水电、风能、太阳能等清洁能源远距离传输和大范围消纳，用清洁能源替代常规化石能源，从根本上减少环境污染。通过打造电力远距离输送大通道，提升电力大规模交换和配置能力，大幅提升清洁能源占一次能源的消费比重，从而实现节约能源与减少排放的双重目标，本部分就管理创新模式下的特高压输电网在节约能源与减少排放这两方面的贡献展开具体分析。

6.3.1.1 节约能源

管理创新模式下的特高压输电工程建设效果显著，一方面提升电网输送效率，降低线路损耗，另一方面推动清洁能源利用，减少化石能源消耗，从而实现了节约能源的重要目标。

（1）提升电网输送效率，降低线路损耗。在管理创新模式驱动下，以远距离、大容量、低损耗为主要特色的特高压输电网，将大大降低电能输送过程中的损失电量。特高压输电具有重大节能和节约资源的效果，在导线总截面、输送容量均相同的情况下，电压每提高一倍，电阻损耗降低 3/4，走廊效率提升约 2 倍。按照我国环保标准规定的线路走廊宽度，1 回 1000kV 输电线路的走廊宽度约为 5 回 500kV 线路走廊宽度的 40%。在输送相同功率的情况下，特高压交流线路可将最远送点距离延长 3 倍，而损耗只有 500kV 线路的 25%～40%。也就是说，输送同样的功率，采用 1000kV 线路输电与采用 500kV 的线路相比，可节省 60%的土地资源。因此，特高压输电工程能够在大容量、远距离输电过程中显著提升电网输送效率，降低电能线路损失。

（2）推动清洁能源利用，减少化石能源消耗。由于管理创新模式的应用，特高压输电网建设效率大幅度提升，从而能够促进清洁能源在更大范围的优化配置和高效使用，充分挖掘水电、风电、太阳能发电、核电的发展潜力，搭建起绿色能源输送的"高速路"。根据国家"十三五"规划，到 2020 年我国清洁能源装机将达到 6 亿 kW，占全国总装机的 35%左右，发电量将占总发电量的 27%左右。特高压输电工程的建设极大程度推动了清洁能源利用。

此外，管理创新模式推动下建设特高压输电工程在促进清洁能源高效利用的同时直接减少了化石能源消耗压力。根据国家"十三五"规划，2020 年全国水电总装机容量达到 3.8 亿 kW，其中常规水电 3.4 亿 kW，抽水蓄能 4000 万 kW，年发电量 1.25 万亿 kWh，折合标准煤约 3.75 亿 t，在非化石能源消费中的比重保持在 50% 以上；2020 年底，风电累计并网装机容量确保达到 2.1 亿 kW 以上。其中海上风电并网装机容量达到 500 万 kW 以上，海上风电开工建设规模达到 1000 万 kW，风电年发电量确保达到 4200 亿 kWh，约占全国总发电量的 6%，折合标准煤约 1.26 亿 t；2020 年光伏发电规模从之前的 1 亿 kW 上调 50% 到 1.5 亿 kW，新增电力结构中比重占 15% 左右，在全国总发电量结构中占 2.5% 到 3%，折合标准煤量约为 6000 万 t。2020 年，我国核电运行和在建装机将达到 8800 万 kW，折合标准煤约 3520 万 t。综合以上数据，预计 2020 年清洁能源的高效利用能够显著降低化石能源的消耗，折合成标准煤量约为 5.962 亿 t。从而可以看出，管理创新模式驱动下的特高压输电工程为我国实现推动清洁能源利用，减少化石能源消耗的目标做出巨大贡献。

6.3.1.2 减少排放

为改善东中部大气环境质量，国家已明确严控东中部地区新增燃煤发电，同时实施电能替代。特高压输电工程的建立也为减排事业做出了不小的贡献，通过扩大跨区输电规模，加大利用西北部清洁的水电、风电等清洁能源发电，降低燃煤发电比例，极大程度上减少各类污染物排放。

根据预测，到 2020 年和 2030 年我国清洁能源装机将分别达到 10 亿 kW 和 17 亿 kW，清洁能源的比重分别可以达到 18% 和 26%，通过更多地使用清洁能源，我国可将碳排放峰值控制在 101 亿 t 左右，峰值降低 24 亿 t，达峰时间可从 2030 年提前至 2025 年前。2020 年中东部可以通过能源互联网接受清洁电力达到 3.1 亿 kW，每年可替代原煤 4.8 亿 t，减排 CO_2 9.5 亿 t，SO_2 164 万 t，PM2.5 排放量降低 20% 以上。由此可见，管理创新模式下特高压输电工程的建设，对于保障我国能源安全、推动能源结构调整、改善大气环境等具有重要意义。

6.3.2 新能源消纳

我国能源资源中心与负荷中心分布不均衡，直接影响对新能源进行高效开发利用，这是制约我国新能源消纳的主要瓶颈。管理创新模式指导下建设特高压输电工程下能实现各种清洁能源的大规模、远距离输送，从而打通制约新能源在更大范围内消纳的输送瓶颈，在新能源消纳方面做出巨大贡献。分析表明，2015~2020 年，电源侧、负荷侧、电网侧对全国新增风电装机消纳的贡献度将分别为 15%、52% 和 33%。本部分具体分析了管理创新模式下的特高压输电工程对于各类新能源的消纳贡献程度及目前特高压在运线路新能源整体输送情况。

6.3.2.1　水电

我国水能资源丰富，技术可开发量 5.42 亿 kW，位居世界第一。但水能资源分布不均衡，80% 以上分布在四川、云南、西藏等经济欠发达的西南地区，东部地区仅占 4.6%。

由于我国水电资源主要分布于西南地区，然而西南地区负荷水平低，水电大规模开发后需要外送。依托特高压输电线路，2016 年西南水电外送电量达 1293.57 亿 kWh，同比增长 4.98%。预计到 2020 年西南水电外送规模将达到 7600 万 kW，占全国水电总装机的 22%，外送电量将达到 3000 亿 kWh，占全国水电总发电量的 25%。西南水电基地距离东中部负荷中心 1000～3000km，通过建设特高压交直流输电通道，可以将电能大规模输送到东中部负荷中心地区。金沙江下游和雅砻江下游的大型水电站距离本省的负荷中心较远，通过特高压直流线路可实现跨省外送。

特高压输电工程有效地扩大了水电基地的受端市场。随着西南地区水电的进一步开发，未来需要在受端地区进一步构建坚强特高压输电工程网架，通过跨区域调节，实现西南水电在东中部地区的高效消纳。同时加强西南水电基地与西北地区联网通道的建设，在不同季节、不同时段进行大规模电力"吞吐"，实现更大范围内的水火互济和丰枯调节。依托特高压输电工程，我国水电未来具有很大的发展潜力。

6.3.2.2　风电

从我国风能资源分布看，蒙东、蒙西、新疆哈密、甘肃酒泉、河北坝上、吉林、山东沿海和江苏近海等大型风电基地风能资源丰富，50m 高度 3 级以上风能资源的潜在开发量约 19.1 亿 kW，占全国潜在开发量的 80% 左右。根据规划，我国将建设黑龙江、吉林、蒙东、蒙西、河北、山东、甘肃、新疆和江苏九大千万千瓦级风电基地。这九大风电基地除山东和江苏外其他 7 个均位于经济和电网发展相对落后的地区，本地电力负荷小，调峰能力不足，与主网架联系相对薄弱，"窝电"现象严重。

"三北"地区仍然是我国未来风电开发的重点地区，预计 2020 年，其本地风电消纳约占 60%，跨省跨区消纳占 40%，风电开发规模占全国的 85% 左右。具体而言，参照"先省内、后区域、再全国"的风电消纳思路，东北地区的黑龙江、吉林、蒙东风电在区域电网内扩大消纳市场的空间不大，风电的大规模开发需要靠跨区外送；西北地区，由于西北电网消纳酒泉风电的能力已经不足，甘肃、宁夏、新疆风电在区内消纳后，剩余部分需要通过特高压直流直接跨区外送；华北地区，蒙西风电除了在区内电网及京津唐电网消纳外，还需要外送到东中部负荷中心消纳。初步分析，2020 年全国风电跨区外送规模将达到 1 亿 kW 左右。通过以上分析可见，特高压输电网的建设直接关系到未来我国风电事业的发展。在管理创新模式引领下，特高压输电工程可以成功实现远距离跨区输电，解决风电跨区外送的难题，进而显著扩大了风电消纳范围，促进了风电产业的发展。

6.3.2.3 太阳能发电

从我国太阳年辐射总量的分布来看，西北的青藏高原、甘肃北部、宁夏北部和新疆南部等沙漠、戈壁滩地区全年日照时数较长，是我国太阳能资源最丰富的地区，适宜规模化集中开发。预计 2020 年，全国太阳能发电装机达到 1.1 亿 kW 以上，其中光伏发电装机达到 1.05 亿 kW 以上，太阳能热发电装机达到 500 万 kW，太阳能热利用集热面积达到 8 亿 m^2。太阳能发电基地主要集中在西部偏远地区，也面临规模化发展的外送消纳问题。同时，太阳能发电需要电网提供额外的调峰容量，但西北等地区调峰能力不足。特高压跨区电网的建设，能够促进远离负荷中心的太阳能发电的规模化、集约化开发利用，实现风光水火统筹协调开发。

6.3.2.4 核电

我国核电的优先发展地区是东部沿海省区，2020 年华东地区核电装机容量将达到 3000 万 kW 左右。若仍依赖于传统的超高压电网，将大大增加走廊选择难度，技术经济性也不甚合理，也会加重系统短路电流超标问题的解决难度；同时，随着华东沿海地区受入直流规模的不断增加，如果只依靠或加强现有的超高压电网，发生严重故障时华东存在电压失稳问题，无法保证核电机组的稳定运行。特高压输电工程的建设在核电的集中接入、高效配置与安全运行方面也做出很大贡献，在华北、华东、华中等受端地区建设特高压输电工程，可以降低直流集中馈入华东电网所引发的安全风险。此外，通过特高压输电工程，借助其他区域电网的富余调节能力，能够保证沿海核电能在额定工况下顺利稳定运行。

综上可以看出，在管理创新模式下，特高压输电工程建设效率显著提升，从而实现能源流动高速通道的高效构建，为清洁能源的规模化发展奠定坚实基础，在全国范围内进行资源优化配置。数据显示，2016 年向家坝—上海等五条特高压直流输电线路累计输送电量 1472.3 亿 kWh，促进了四川水电和西部地区新能源资源大规模集约开发和安全高效外送。2016 年，在北京电力交易平台首次开展了西南水电外送市场化集中交易，四川 232 家、西藏 3 家水电发电企业积极参与。发挥特高压大电网资源优化配置的优势，西南地区清洁水电实现了在华北、华东、华中、西北地区的大范围远距离消纳。西藏水电首次通过特高压大电网进入京津唐地区，实现了史上首次"藏电进京"。各电力交易中心共组织消纳新能源 9889 亿 kWh，同比增长 15.4%，占上网电量比例达到 26.22%，显著促进了新能源消纳。四川、新疆、甘肃等能源基地送出新能源 1438 亿 kWh，减少弃水弃风弃光电量 410 亿 kWh；京津冀、长三角等负荷中心接受新能源 1792.5 亿 kWh。西北跨省跨区累计外送新能源 165.37 亿 kWh，同比增长 53.6%，甘肃、宁夏、新疆同比分别增长 5%、136.9%、129.7%；东北跨省跨区累计外送新能源 113.02 亿 kWh，同比增长 12.07%，蒙东、辽宁、吉林、黑龙江同比分别增长 1.37%、10.21%、69.16%、69.59%。表 6-16 为 2016 年特高压线路输送电量情况。

表 6-16　　　　　　　　2016 年特高压线路输送电量情况

线路名称	年输送电量（亿 kWh）	其中新能源电量（亿 kWh）	新能源电量在全部输送电量占比（%）
长南线	82.5	29.2	35
锡盟—山东	32.8	0	0
皖电东送	202.9	0	0
浙福线	17.1	0	0
复奉直流	326.1	324.8	100
锦苏直流	383.3	382.5	99
宾金直流	367.5	367.5	100
天中直流	322.6	73.4	23

续表

线路名称	年输送电量（亿 kWh）	其中新能源电量（亿 kWh）	新能源电量在全部输送电量占比（%）
灵绍直流	72.8	20.8	29
楚穗直流	261.8	261.8	100
普侨直流	264.5	264.5	100
全国	2333.9	1724.5	74

从表 6-16 可以看出，特高压输电网输送新能源比例占据整体电力输送比例的 74%。总体来看，特高压输电工程在促进我国清洁能源发展中作用巨大。测算表明，2020 年我国跨区电网可输送和配置非化石能源发电量约 7000 亿 kWh，折合标煤 2.2 亿 t，对 2020 年 15%非化石能源目标的贡献度达 30%左右。管理创新模式下的特高压输电工程通过加大能源跨省跨区支援，有效促进了新能源输送和消纳。

6.3.3　带动就业和产业发展

6.3.3.1　拉动经济，带动就业

我国的区域经济发展存在不平衡、不充分的问题，特别是东西部地区的发展差距明显。西部地区的一个显著特点就是资源丰富但经济与技术落后，而东部地区的显著特点是资源紧缺但经济发达、技术先进。建设特高压输电工程可以实现东西部优势的互补，形成了以电力生产为基础的各种产业链，像能源化工、采矿以及有色金属加工等，既解决了东部地区能源紧缺的问题，又调动了西部地区经济的发展，促进东西部地区经济的共同发展。特高压技术作为世界上最先进的输电技术之一，其线路建设是一项规模浩大的工程，从规划到建设需要大量的人力资源，包含技术攻关到建设施工多个方面，从而有力带动了地方就业。

以国家电网总投资 683 亿元的"两交一直"工程为例，包括淮南—南京—上海特高压交流工程、锡盟—山东特高压交流工程和宁东—浙江特高压直流输电工程，新增变电（换流）总容量 4300 万 kVA（kW），新建输电线路 4740km，三项工程可提供就业岗位近 6 万个，带动装备制造业产值增加约 246 亿元，带动电厂、煤矿投资约 2000 亿元。有利于将西部资源优势转化为经济优势，进一步提高东部地区能源安全保障能力，促进区域经济协调发展。根据投资估算，

大气污染防治行动计划重点输电通道总投资将达到约 2000 亿元，增加输变电装备制造业产值 900 亿元，直接带动电源投资约 5000 亿元。每年拉动 GDP 增长 640 亿元，增加税收 120 亿元，增加就业岗位 14 万个。

6.3.3.2 促进产业发展

特高压输电工程的建设将带动以电力生产为基础的各种产业链的发展，如能源化工、采矿以及有色金属加工等行业。其中最为重要的也是最为核心的是促进我国装备制造业的发展。随着建设社会主义现代化步伐的不断推进，我国特高压输电工程设备的开发也必须走国产化道路。这就要求国内电力设备的相关制造企业，必须进行技术创新与研发，尽快掌握核心电工设备的制造技术，在国际竞争中掌握主动权，提高我国电力装备制造业的国际竞争力。近年来，我国特高压建设为电工装备制造业发展提供了机遇和挑战，大范围的特高压输电工程建设对中国电力装备优化升级作用非常明显。在特高压示范工程的研究与建设过程中，我国特高压装备制造企业已掌握特高压设备制造的核心技术，大幅提升了我国在国际电工领域的影响力和话语权，实现了"中国创造"和"中国引领"。

在特高压交流试验示范工程的建设过程中，国内百余家电工装备企业参与了特高压设备的研制和供货，所有设备都在中国制造，没有一台整机从国外进口，设备国产率达到了 90%以上。特高压为实现装备自主化发挥了巨大作用。特高压工程让国内企业掌握了一批具有自主知识产权的装备制造核心技术，形成了全套特高压输变电设备的国内批量生产能力，实现了中国输变电装备制造业的技术升级。特高压交流试验示范工程的设备采购全部立足于国内，变压器和高压电抗器完全自主开发、设计和制造，使我国相关产品的制造能力处于世界领先水平；采用中外联合设计、产权共享、合作生产、国内制造模式生产出的特高压开关设备，代表当前最高技术水平。核心竞争力是企业独特的技能和知识的集合，在激烈的竞争环境中，这种能力使企业能够长期保持竞争优势。对制造企业而言，具备特高压设备的供货能力，就意味着企业掌握了前沿技术，获得了相对技术优势，进而拥有竞争优势。通过特高压项目的研发和设备制造，我国重大装备制造能力和技术水平大幅提升，将有利于反哺 500kV 和 750kV 设备制造，稳固我国自主研发制造的主导地位。中国正从输变电大国逐步转变为输变电强国。更重要的是，依托特高压工程推进装备自主化，全面提升了我国制造业的水平，也充分体现一个国家装备制造业的技术水平和实力，更体现了一个国家的国际竞争力。

　　未来若干年我国特高压装备制造业还将处于发展黄金周期，装备制造业将依托特高压输变电等重点工程，推进装备自主化。特高压工程已经引领我国输变电设备制造进入一个崭新阶段，也必将提升"中国创造"的核心竞争力。装备制造业作为提供技术装备的战略性产业，是产业升级、技术进步的重要保障，也是国家综合实力的集中体现。在这一规划中，推进装备自主化被普遍认为是最大亮点。依托特高压输变电等重点工程来推进装备自主化，将给重大技术设备需求带来较大增量，使关键领域设备实现国产化，从而振兴民族装备制造业。

　　综上可见，特高压是世界一流电网的重要标志。在特高压管理创新模式下加快特高压输电工程建设既是稳增长、提高能源保障能力的重要举措，更是调整能源结构、转变发展方式的有效抓手。随着相关产业被带动发展，经济增长的信心也将不断增强。管理创新模式下的特高压输电工程建设，在实现国家节能减排、新能源消纳等能源战略目标的同时，为国家创造了巨大的经济效益与社会效益，是利国利民的重要举措。

第 7 章　中国特高压输电工程
布局及项目建设

7.1　中国特高压交流输变电工程总体布局

我国电力供应能力的提升受到"两个不均衡"制约。一是发电资源分布不均衡，东、中部发电资源较为稀少，而西部却十分丰富；二是各地区的经济发展不均衡，东、中部经济相对发达，电力需求量较大，而西部经济总量较小，电力需求量也相对较小。另外，北煤南运、西煤东运的格局引发煤电运输能力紧张、环境污染等一系列问题。鉴于此，转变"过度依赖输煤"的能源配置方式和"就地消纳"的电力发展方式，大力发展特高压电网，实现"电从远方来"显得尤为急迫。

我国对特高压输电技术的研究始于 20 世纪 80 年代。在 2004 年国家电网公司就明确提出了 1000kV 交流和 ±800kV 直流特高压电网建设定为国家"坚强电网"的核心内容这一战略目标。特高压交直流输电工程具有输电容量大、送电距离长、线路损耗低、节省工程建设投资、减少土地使用面积等优势。发展特高压输电技术能够促进大煤电、大水电、大核电的集约化发展，促进电网与电源协调发展，在更大范围内实现资源能源的优化配置。

目前，国家电网公司范围内已建成投运"十三交十一直"特高压输电工程，包括晋东南—南阳—荆门、皖电东送、浙北—福州、锡盟—山东、蒙西—天津南、淮南—南京—上海、锡盟—胜利、榆横—潍坊、北京西—石家庄、山东—河北环网、张北—雄安、蒙西—晋中、驻马店—南阳特高压交流工程，以及向家坝—上海、锦屏—苏南、哈密南—郑州、溪洛渡—浙西、灵州—绍兴、酒泉—湖南、晋北—南京、锡盟—泰州、扎鲁特—青州、上海庙—临沂、准东—皖南特高压直流工程，正在建设青海—河南、雅中—江西、陕北—武汉、白鹤滩—江苏特高压直流输电工程。我国部分特高压工程建设情况如表 7-1、表 7-2 所示。

表 7-1　　　　　　　我国部分特高压直流输电工程建设投运情况

序号	建设情况	项目名称	电压等级（kV）	线路长度（km）	换流容量（万 kW）	竣工时间（年）
1	建成	向家坝—上海	±800	1907	1280	2010
2		云南—广东	±800	1348	1000	2010
3		锦屏—苏南	±800	2059	1440	2012
4		哈密南—郑州	±800	2192	1600	2014
5		溪洛渡—浙西	±800	1680	1600	2014
6		糯扎渡—广东	±800	1413	1000	2015
7		灵州—绍兴	±800	1720	1600	2016
8		酒泉—湖南	±800	2383	1600	2016
9		晋北—南京	±800	1119	1600	2017
10		锡盟—泰州	±800	1620	2000	2017
11		扎鲁特—青州	±800	1234	2000	2017
12		上海庙—临沂	±800	1238	2000	2017
13		滇西北—广东	±800	1953	500	2018
14		准东—皖南	±1100	3324	2400	2019
15	在建	青海海南—河南	±800	1587	1600	—
16		雅中—江西	±800	1704	1600	—
17		陕北—武汉	±800	1136	1600	—
18		白鹤滩—江苏	±800	2087	1600	—

表 7-2　　　　　　　我国部分特高压交流输变电工程建设投运情况

序号	建设情况	项目名称	电压等级（kV）	线路长度（km）	变电/换流容量（万 kVA）/（万 kW）	竣工时间（年）
1	建成	晋东南—南阳—荆门	1000	2×654	1800	2009
2		皖电东送	1000	2×656	2100	2013
3		浙北—福州	1000	2×603	1800	2014
4		锡盟—山东	1000	2×730	1500	2016
5		蒙西—天津南	1000	2×616	2400	2016
6		淮南—南京—上海	1000	2×774	1200	2016
7		锡盟—胜利	1000	2×240	600	2017
8		榆横—潍坊	1000	2×1049	1500	2017
9		北京西—石家庄	1000	2×223	—	2019
10		淮南—南京—上海苏通GIL综合管廊工程	1000	2×6	—	2019
11		山东—河北环网	1000	2×820	1500	2020
12		张北—雄安	1000	2×320	600	2020
13		蒙西—晋中	1000	2×304	—	2020
14		驻马店—南阳	1000	2×190	600	2020

续表

序号	建设情况	项目名称	电压等级（kV）	线路长度（km）	变电/换流容量（万 kVA）/（万 kW）	竣工时间（年）
15		长沙—南昌	1000	2×345	1200	—
16	规划	荆门—武汉	1000	—	—	—
17		福建—厦门	1000	—	—	—
18		南阳—荆门—长沙	1000	—	—	—

按照《电力发展"十三五"规划》的战略部署，未来我国将从电网格局、建设质量、大电网安全以及创新发展等目标入手，构建更安全、高效、坚强的电网。"十三五"期间我国电网发展的重点任务是：推进"三华"坚强受端电网建设，加快实施西纵、中纵工程，解决电网重大安全隐患；尽快建成华北—华中、华东特高压骨干网架，推动华北—华中、华东特高压联网工程建设，依托特高压对省级 500kV 电网进行优化调整。东北电网围绕扎鲁特直流电力汇集外送，加强省间 500kV 联系。西北电网优化 750kV 网络结构，提高利用效率。围绕四川、西部北部清洁能源开发外送，"十三五"新建特高压直流输电工程 10 项。远期进一步扩大规模，逐步向目标网架过渡。2020 年我国特高压目标网架（国网范围）如图 7－1 所示。

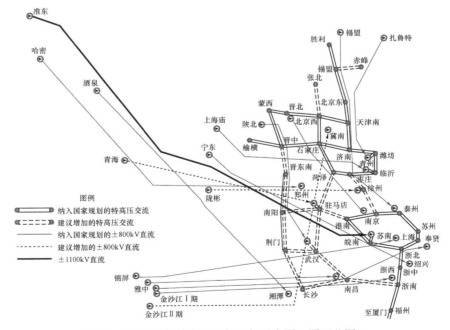

图 7－1　2020 年特高压目标网架示意图（国网范围）

7.2　中国特高压交流输变电工程项目

7.2.1　晋东南—南阳—荆门 1000kV 特高压交流输变电工程

（1）工程概况。晋东南—南阳—荆门 1000kV 特高压交流输变电工程是我国首个特高压交流输变电工程，完全由我国自主研发、设计、制造、建设和运行，是目前世界上运行电压最高、技术水平最先进的交流输电工程。该工程连接华北和华中两电网，北起山西的晋东南变电站，经河南南阳开关站/变电站，南至湖北的荆门变电站，线路全长 640km，一期变电容量两端各 300 万 kVA，工程批复的动态总投资为 58.57 亿元，实际动态总支出 57.36 亿元。工程于 2006 年底开工建设，2009 年 1 月 6 日投入运行，线路设计输电能力 240 万 kW，实际最大达到 283 万 kW。2010 年底，工程扩建，增加了变压器、开关及串补等设备，2011 年 12 月，扩建工程建成投运，设计输送能力从 240 万 kW 提升至 500 万 kW，实际最大功率达 573 万 kW。

（2）建设管理组织体系。晋东南—南阳—荆门 1000kV 特高压交流输变电工程由国家电网公司负责建设和运营，基于集团化运作和集约化协调优势，国家电网公司建立由工程建设领导小组、分省建设领导小组和现场指挥部构成的三级组织体系，如图 7-2 所示，统筹调度科研设计、施工建设和生产运行等各方资源，为工程建设提供组织保障。

工程建设领导小组主要职责是确定试验示范工程建设的总体目标，决定工程招标、设备选型等有关重大事项，指导、协调、监督工程建设各项工作。

分省建设领导小组主要职责是执行工程建设小组的相关决定，指导、协调、监督工程建设分省各项工作。

领导小组下设专家委员会、特高压交流输电技术标准化技术工作委员会，负责对关键技术问题、重大技术方案提供咨询和特高压交流标准化工作。

（3）工程创新。晋东南—南阳—荆门 1000kV 特高压交流输变电工程在建设过程中取得了一系列重大创新和突破，确立了我国在工程设计、设备研制、施工建设等领域的国际领先地位。

在工程设计方面，该工程掌握了特高压输电的核心技术，主要表现为：坚持自主创新，全面攻克了特高压交流输电关键技术，占领了国际高压输电技术

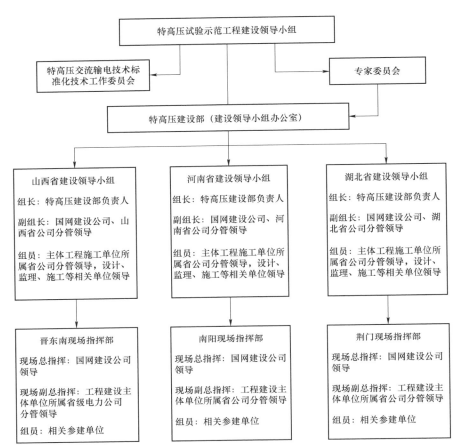

图 7-2 特高压交流试验示范工程建设管理组织体系

的制高点，如确定了系统标准电压并被推荐为国际标准，解决了潜供电流控制、电压深度控制等难题；依托工程，立足科研，自主进行系统集成和工程设计，掌握了特高压工程设计技术，形成了一大批创新成果，如全面运用了三维设计技术，解决了特高压工程的雷电防护、特高压设备的抗地震等难题；大力研究施工新技术，全面提升了现场建设施工水平，形成了全套标准化作业程序和质量评定标准，如全面应用了新技术、新工艺和新设备，实现了施工装备的全面升级；成功通过了系统调试、168h 试运行和正常运行考核，运行稳定，状态正常，如充分利用两大电网互联的优势，组织了全面严格的试验考核，在世界上首次实现了两大同步电网通过特高压线路的互联，系统总装机容量超过 3 亿 kW。

在设备研制方面，该工程全部设备立足国内制造，国产化率达到 90%，实现了特高压设备自主研制和国产化目标，创造了一大批世界纪录，代表了国际高压设备的最高水平。主要表现为：工程设备全部立足国内供货，采用以我为主、开放式创新的技术路线，全面实现了自主开发、设计、制造、试验和安装调试，掌握了核心技术，拥有自主知识产权；自主研制成功了代表世界最高水平的全套特高压交流设备，创造了一大批世界纪录，如在世界上首次研制成功特高压工程用全套数字型控制保护系统，性能指标国际领先；建成了世界一流的高电压、强电流试验检测中心和工程试验站，试验技术水平国际领先；培养了一大批技术和管理人才，形成了特高压设备的批量生产能力，实现了产业升级和跨越式发展，在国际竞争中获得了相对优势。

在施工建设方面，该工程安全、质量、环保全面达标，输电效益显著，显著提升了电网工程建设水平。主要表现为：试验示范工程建设管理科学规范，全面实现了"安全可靠、自主创新、经济合理、环境友好、国际一流"精品工程建设目标；在管理手段上广泛采用先进管理软件和技术，建成了工程视频会议系统、工程信息管理系统网站和设备研制监造信息系统与进度控制系统，实现了对工程建设过程的有效管控；应用大规模交直流电力系统多时间尺度全过程仿真软件和实时数字仿真装置开展系统分析，掌握了特高压互联电网系统的运行特性和控制规律；积极推广信息化技术在工程科研、设计、设备、施工、调度运行中的应用，工程信息化建设水平显著提升。

（4）综合效益。晋东南—南阳—荆门1000kV特高压交流输变电工程的成功建设和运行，确立了我国在特高压输电领域的国际领先地位，对推动试验示范和联网、电工装备产业升级、现代能源综合运输体系构建、世界电网领域的影响力的提高具有重要意义。

1）发挥了试验示范和联网送电效益。截至2015年初，该工程累计送电成功660亿kW时，实现了双向、全电压、大容量输电，经受了雷雨、大风等恶劣气象条件及各种运行操作的考验，系统运行稳定，设备状态正常，全面验证了特高压交流输电的技术可行性、设备可靠性、系统安全性和环境友好性，我国已具备大规模应用特高压交流输电技术的条件。同时，发挥了重要的送电和水火互济、事故支援联网功能，尤其是为缓解华中电网冬季供电紧张局面发挥了重要作用。

2）促进了我国电工装备产业的升级发展。该工程自主研制了世界上首套

1000kV、300 万 kVA 分相单体式特高压变压器和电压等级最高等关键设备，生产了代表当前最高技术水平的特高压 GIS 和 HGIS 开关设备，掌握了一批具有自主知识产权的装备制造核心技术，形成了全套特高压输变电设备的国内批量生产能力，实现了我国输变电装备制造业的技术升级，显著提升了我国民族装备制造业的自主创新能力和国际竞争力。

3）为构建现代能源综合运输体系提供了技术保障。我国能源资源分布与需求不相匹配，为满足经济社会发展对电力的需求，远距离、大容量输电和全国范围优化资源配置之路是必经之路，亟需建设新的更高电压等级的电网，提高输送能力。该工程的成功建设和顺利投入运行，将有力推动特高压电网的发展，促进我国水电、火电、核电、可再生能源基地的大规模集约化开发和更大范围的能源资源优化配置，解决煤电运紧张等问题，保障国家能源安全和电力可靠供应。

4）提升了我国在世界电网领域的影响力和话语权。晋东南—南阳—荆门 1000kV 特高压交流输变电工程依靠科技创新，形成了一系列特高压技术标准，建立完善了全套的特高压工程设计、施工和运行维护技术规范体系。其中，特高压交流 1100kV 电压被国际电工委员会和国际大电网组织推荐为国际标准电压，国际电工委员会成立了高压直流输电新技术委员会，并将秘书处设在国家电网公司，提高了我国在国际电网技术标准领域的影响力。

7.2.2 皖电东送（淮南—浙北—上海）1000kV 特高压交流输变电工程

（1）工程概况。皖电东送（淮南—浙北—上海）1000kV 特高压交流输变电工程由我国自主设计、制造和建设，是世界首个商业化运行的同塔双回路特高压交流输电工程、我国特高压交流电网大规模建设的示范工程、电力发展史上的重要里程碑。该工程连接安徽"两淮"煤电基地和华东电网负荷中心，起于安徽淮南变电站，经安徽皖南变电站、浙江浙北变电站，止于上海沪西变电站，线路全长 2×648.7km，途经安徽、浙江、江苏、上海四省市，先后跨越淮河和长江。变电容量 2100 万 kVA，工程概算动态总投资为 196.71 亿元。竣工决算动态总投资 191.52 亿元，节资率 2.64%。工程于 2011 年 10 月开工建设，2013 年 9 月 25 日投入运行。

（2）工程创新。皖电东送（淮南—浙北—上海）1000kV 特高压交流输变电工程，立足国内、自主创新，全面掌握同塔双回路特高压交流输电核心技术，推动国际高压交流输电技术实现新突破、电工装备制造水平达到新高度、输变电工程建设水平迈上新台阶。

在工程设计方面，该工程基于对电磁环境特性的掌握、复合绝缘子的长度优化及新型金具的应用等手段，全面优化了杆塔结构，提高了防雷水平；首次研制成功特高压设备用新型减震装置，满足 9 度抗震设防要求；创新采用"4 元件"设计方案，优化特高压隔离开关设计；提出了钢管插入式新型基础，有效降低了基础立柱承受的水平力和弯矩，减少了基础尺寸和配筋；首次成功研制 725 扩 900 的大截面疏绞型扩径导线，在线路工程耐张塔跳线和变电站进出线档中应用，控制了电磁环境指标；验证了大吨位复合绝缘子机械性能可靠性，在特高压线路中首次成功应用了耐张复合绝缘子串。

在设备研制方面，在世界上首次研制成功 1000kV、3000MVA 有载调压变压器、1000kV、240Mvar 单柱并联电抗器，实现无局放设计，温升、损耗、噪声、振动等关键指标国际领先；采用单条一级环焊缝与钢管连接，攻克了薄壁钢管焊缝超声探伤难题；全面攻克特高压盆式绝缘子设计、制造和试验检测核心技术难题，成功实现盆式绝缘子国产化；研制成功新型高机械强度瓷套式避雷器及电容式电压互感器，在国际上首次进行了真型抗弯试验及抗震试验；在世界上首次研制成功并示范使用特高压交流线路避雷器，首次研制成功 1000kV 罐式电容式电压互感器，首次采用带选相合闸装置的 110kV 开关设备；研制成功额定电压 1100kV、三相额定容量 1200MVA 交流升压变压器，指标优异、性能稳定，代表了国际同类设备制造的最高水平。

在施工建设方面，运用变电站大规模挖填方地基处理技术，成功解决大规模挖填方地基处理难题；运用变电站密集桩基群施工技术，优化桩基施工速率和工序；运用特高压 GIS 安装技术，成功研发 GIS 安装专用托架；运用特高压钢管塔组塔技术，开发组塔施工虚拟仿真培训系统，全面提升了组塔机械化程度和安全水平；研发了重型索道、新型炮车等专用运输机具，成功解决山区等特殊地形的塔材运输难题；成功研制最大扭矩值 2500N·m 的高精度电动扳手，解决了钢管塔法兰高强螺栓装配难题。

（3）综合效益。皖电东送（淮南—浙北—上海）1000kV 特高压交流输变电工程的建设有利于进一步巩固、扩大我国在高压输电技术开发、装备制造和工程应用领域的国际领先优势，对华东电网"西电东送"通道建设、国家大气污染防治行动计划的执行、特高压设备全部国产化的实现、特高压交流输电系统的技术标准体系的建立具有重大意义。

1）建成了华东电网"西电东送"的重要通道。皖电东送工程是华东电网"西电东送"的重要通道、华东电网骨干网架的重要组成部分，自投运以来已累计送电超 400 亿 kWh。与向家坝—上海、锦屏—苏南等高压直流输电系统相互支撑、相互配合，形成"强交强直"输电格局，具有重要的送电和联网功能。

2）有利于落实国家大气污染防治行动计划。该工程是规划拟建的长三角特高压环网的重要组成部分，有利于解决华东 500kV 电网短路电流超标难题，提高电网运行灵活性和适应性，显著增强电网抵御严重故障能力，保障大容量、多馈入直流系统安全运行，进一步扩大外来电比例、满足长三角用电需求，对落实国家大气污染防治行动计划具有重要意义。

3）实现特高压设备全部国产化。该工程所用的特高压设备全部由国内企业研制供货，其中特高压开关采用了国内自主研发及中外联合研发两种路线，特高压变压器、高抗和其他设备、材料完全由国内自主研发。业主主导、产学研联合攻关，实现了特高压变压器和高抗用套管、出线装置及硅钢片，特高压开关用套管等关键组部件国产化，打破了国外垄断。

4）全面建立了同塔双回特高压交流输电系统的技术标准体系。该工程全面建立了同塔双回特高压交流输电系统的技术标准体系，涵盖工程设计、设备制造、施工安装、环境保护、调试试验和运行维护全过程。同时，该工程实现了 1000kV 设备安装、钢管塔制造及线路施工技术标准化，初步实现 1000kV 变电站、输电线路的通用设计，相关创新成果已通过工程实践检验并全面用于浙北—福州等后续特高压交流工程。

7.2.3 浙北—福州 1000kV 特高压交流输变电工程

（1）工程概况。浙北—福州 1000kV 特高压交流输变电工程由我国自主设计、制造和建设，是我国投资建设的第三个特高压交流工程，是华东电网特高压交流主网架的重要组成部分，也是对我国自主开发的特高压交流输电关键技术、成套装备及规模化建设能力的一次重要检验。该工程北起浙江的浙北变电站，途经浙中和浙南变电站，南至福建的福州变电站。线路全长 $2 \times 603 \text{km}$，变电总容量为 1800 万 kVA，工程批复的动态总投资为 188.7 亿元，实际动态总支出 167.2 亿元，节省 11.4%。工程于 2013 年 4 月开工建设，2014 年 12 月 26 日投入运行，圆满完成浙北—福州工程试运行福建外送 680 万 kW 大负荷试验。福建外送断面瞬时最高功率达 716 万 kW，功率平均值达到 686 万 kW，成功检验了该工程的输电能力。

（2）建设管理组织体系。浙北—福州 1000kV 特高压交流输变电工程由国家电网公司总部统筹，省级电力公司具体组织建设，国家电网公司发挥集团化运作和集约化协调优势，建立了由各级组织体系，如图 7-3 所示，统筹调度科研设计、制造企业、大专院校、施工建设和生产运行等各方资源，为工程建设提供了组织保障。

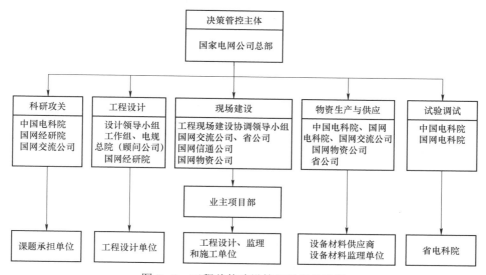

图 7-3　工程总体建设管理组织体系图

（3）工程创新。该工程采用新的建设管理模式，成功应对了设备生产供货、现场施工建设、征地拆迁等困难，取得特高压工程建设、特高压装备和技术、特高压工程建设管理水平的创新突破。

在工程设计方面，系统集成了特高压交流单回路、双回路示范工程的核心技术，形成了特高压交流工程的通用设计、通用设备、通用造价和标准工艺；攻克了重冰区特高压线路导线选型、绝缘配置与结构设计难题；首次在线路中批

量应用 $8 \times \text{JLK/G1A} - 530$（630）$/45$ 扩径导线，研究提出特高压扩径导线技术标准和施工技术规程；攻克超高接地电阻地区特高压变电站降阻难题；研究提出爆破深井接地、外引接地综合降阻新方案；在世界上首次开展特高压变压器和高抗的 1:1 动力特性测试试验；提出 1100kV GIS 端部断路器折叠的新型设计方案，减小了 GIS 设备本体的横向宽度。

在设备研制方面，建立特高压变压器、高抗、开关等全套设备的质量特别控制体系，成功实现国产特高压设备大批量稳定制造；提出特高压开关出厂试验和现场交接新标准，成功管控了金属异物引发的开关放电风险；自主研制成功高性能硅钢片并批量替代进口，同板差等几何精度和工艺性能有显著改进；批量应用国产特高压 GIS 用盆式绝缘子、国产特高压复合套管，示范应用自主研制成功的特高压油纸绝缘电容式套管、特高压绝缘出线装置，打破了瑞士魏德曼在该领域的技术垄断；攻克了绝缘、开断、传动、大功率机构等全套关键技术，自主研制成功四断口与两断口两种技术路线的特高压断路器并实现工程应用，实现重大突破；成功研制 10mm 轻冰区防冰型特高压复合绝缘子，批量应用自主研制成功的特高压线路避雷器。

在施工建设方面，全面实现特高压开关现场安装工厂化，成功研制新型落地双平臂抱杆等适用于山区多种地形的系列特高压铁塔组立方法和装备，解决了山区组塔无法打拉线等难题；提出索道系列化及标准化技术方案，首次系统规范了索道设计、加工、安装、调试和运行，成功应用 KA－32 型直升机运输物资 2402t，解决了福建宁德无人区最艰难塔位的材料运输难题；首次开发特高压角钢塔组立和货运索道运输施工虚拟现实仿真培训系统；使用北斗遥感地理信息技术直观、形象地监控线路现场施工进度，对地质、洪水灾害预报、预警进行探索和试点。

（4）综合效益。该程的成功建设和运行，进一步巩固、扩大了我国在特高压输电技术开发、装备制造和工程应用领域的国际领先优势，在我国电网格局形成、输电能力提升、设备自主设计、环境友好实现等方面具有重大意义。

1）初步形成"强交强直"电网格局。该工程与皖电东送示范工程和向家坝—上海、溪洛渡—浙西、锦屏—苏南等特高压直流输电工程相互支撑，在华东地区初步形成"强交强直"电网格局，可显著提升华东电网接收区外来电的能力和区内资源优化配置的能力，提高电网运行的安全稳定水平特别是沿海核电机群应对突发事故的能力。

2）大幅提高华东电网浙北—福州断面输电能力。该工程大幅度提高了华东电网浙北—福州断面的输电能力，近期可达 680 万 kW，远期可达 1050 万 kW以上，可满足福建电网电力送出需要，也为福建电网远期接受外来电力创造了条件。截至 2016 年 4 月，浙北—福州工程已经累计向华东地区输送电量 20.85亿 kWh 电量。

3）工程全部特高压设备均由国内企业研制供货。该工程全部特高压设备均由国内企业研制供货，国产化率超过 95%。在国产化方面取得两个方面的实质性突破：一是实现了国产特高压成套设备的大批量稳定制造，有效控制了"异物"引发的开关异常放电风险；二是掌握了所有特高压关键件、原材料的设计与制造技术并实现工程应用，国产盆式绝缘子的用量达到 90%、开关用复合套管的用量达到 56%、高性能硅钢片的用量达到 30%，实现了从整机国产化到整机与关键件全面国产化的重要跨越。

4）各项环保指标全部达标，电磁环境友好。该工程调试和试运行期间的实测结果表明，电磁环境水平与我国 500kV 交流输电工程相当，与晋东南—南阳—荆门工程和皖电东送工程相当，电场、磁场、无线电干扰、可听噪声等各项指标均满足国家环境保护部的批复要求，符合预期、环境友好。

7.2.4　淮南—南京—上海 1000kV 特高压交流输变电工程

（1）工程概况。淮南—南京—上海 1000kV 特高压交流输变电工程是落实国家大气污染防治行动计划重点建设的 12 条输电通道之一，是华东特高压主网架的重要组成部分，该工程起于安徽省淮南变电站，经江苏省的南京、泰州、苏州变电站，至上海市的沪西变电站，新增变电容量 1200 万 kVA，新建 2×759.4km线路（安徽 181.1km，江苏 519km，上海 59.3km），其中 718km 同塔双回路架设，35.6km 同塔四回路架设，5.8km GIL 管廊。工程于 2014 年 4 月全面开工建设，工程动态总投资 268.1 亿元。

（2）建设管理组织体系。淮南—南京—上海 1000kV 特高压交流输变电工程由国家电网公司负责建设和运营，国家电网公司建立了由各级组织体系，如图 7-4 所示，统筹调度科研设计、制造企业、大专院校、施工建设和生产运行等各方资源，为工程建设提供了组织保障。

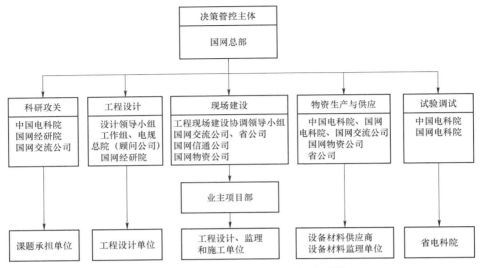

图7-4　工程总体建设管理组织体系图

（3）工程创新。淮南—南京—上海1000kV特高压交流输变电工程开展了一系列工程关键技术和科研设计专题研究，进行了大量的设计创新和优化工作，有力推进了工程建设进度，取得了良好的经济效益和社会效益。

在工程设计方面，优化了围墙设计，将换流站与变电站重合处，围墙从永久围墙改为临时性砖墙；结合特殊地质条件，优化地基处理和水工设计方案；首次采用特高压、超高压线路同塔四回路技术、Y型绝缘子串、10.9级大直径高强度螺栓、特强钢芯高强铝合金绞线、内置式接地装置、Q420高强钢管、挤扩支盘桩基础；规模化采用同塔双回三相V型串，线路工程首次试用PHC管桩基础，应用和完善杆塔标准化设计。

在设备研制方面，采用多项新技术、新设备、新工艺应用，首次采用了开合电磁感应电流能力为700A的500kV快速接地开关，满足了工程的特殊需求；变电站电缆沟支架固定采用预埋螺母技术，施工方便安全，成型效果好；工程中采用成品沟盖板可有效提高施工速度，缩短工期；泰州站防洪门采用铝合金挡板式防洪门，可避免电机驱动型防洪门在无电力供给或故障情况下无法使用的问题。

在施工建设方面，首次实现特高压交、直流工程相邻/合并建设，南京1000kV

变电站与南京±800kV 换流站相邻建设；泰州站 1000kV 变电站与泰州±800kV 换流站合并建设；首次考虑特高压变电站和特高压换流站监控系统的互联；提前统一规划噪声治理措施，分步实施；充分考虑安全、运行、交通和环保等因素，优化总平面布置；1100kV GIS 首次采用母线集中外置断路器双列式布置方案。

（4）综合效益。淮南—南京—上海 1000kV 特高压交流输变电工程是华东特高压主网架的重要组成部分，对于构建特高压交流受端环网，提升电网安全和技术水平，有效缓解长三角地区短路电流大面积超标问题，提高电网利用效率具有重要意义。

1）构建华东特高压受端环网，提升电网安全稳定水平。华东地区大规模接受区外来电，对华东电网安全运行带来巨大压力，以往"强直弱交"的电网结构，难以满足直流输入电力可靠消纳和安全稳定运行的要求。建设淮南—南京—上海 1000kV 特高压交流输变电工程，能够为系统提供电压、频率稳定支撑，提高电网承受严重故障后潮流转移能力，避免多回直流同时双极闭锁造成大面积停电，是华东直流馈入系统正常运行的根本保障。

2）解决长三角地区短路电流大面积超标问题，提高电网运行的灵活性和可靠性。长三角地区电网密集，短路电流超标问题十分突出，目前近 30%的发电厂和变电站 500kV 短路电流超标，随着负荷密度的增加，短路电流水平还将进一步增高，已严重制约了电网发展。建设淮南—南京—上海 1000kV 特高压交流输变电工程，形成覆盖长三角地区的特高压双环网结构，为长三角 500kV 电网解环和分片运行创造条件，可从根本上解决 500kV 短路电流超标问题。

3）提高电网利用效率，节约宝贵的走廊资源。华东地区经济发达、人口密集，土地资源十分紧张，开辟新的输电走廊极为困难；长三角地区单位面积的大气污染排放超过全国平均水平的 5 倍，环保压力很大；受交通、航运、航空、江面宽度等综合因素影响，线路跨江资源非常紧缺；线路工程建设房屋拆迁量大，补偿费用高。建设淮南—南京—上海 1000kV 特高压交流输变电工程，仅增加 1 个 1000kV 同塔双回线路走廊，江苏过江通道输电能力可由现在的 900 万 kW 提高到 1600 万 kW，充分利用了输电走廊和跨江点资源，减少走廊拆迁补偿等费用，有效降低单位输送容量的综合造价，满足电网可持续发展需要。

7.2.5 锡盟—山东 1000kV 特高压交流输变电工程

（1）工程概况。锡盟—山东 1000kV 特高压交流输变电工程是我国华北地区首个特高压交流输变电工程，是首次建设在高寒地区的输变电项目，完全由我国自主研发、设计、制造、建设。该工程由国家电网公司负责建设和运营，北起内蒙古的锡盟变电站，经河北承德串补站、北京东变电站，南至山东济南变电站，线路全长 730km，新增变电容量 1500 万 kVA，工程估算动态总投资为 178 亿元。工程于 2014 年 7 月 12 日获得国家发改委核准，2014 年 10 月开工建设，并于 2016 年 7 月投产。

（2）工程创新。在锡盟—山东 1000kV 特高压交流输变电工程建设中，国家电网公司始终把自主创新摆在突出重要的位置，充分发挥各方面力量，加强统筹协调，取得了一系列重大创新和突破。

在工程设计方面，首次采用 1100kV 户内 GIS 方案，解决低温问题；北京东 1000kV 变电站进出线规划、进站道路规划、远景扩建规划、周围土地情况等因素进行总平面布置，竖向采用平坡式布置；采用平板式筏形基础＋钢筋混凝土条形支墩型式，增大基础刚度，条形支墩之间形成检修通道，方便隔震支座的更换与检修；优化挡土墙设计，减少边坡占地面积。

在设备研制方面，提高基础预埋件精度及基础施工误差标准，减小对设备抗震能力的不利影响；主变压器、高压电抗器底座设置隔震装置，隔震效率分别为 51.76%、54.32%，隔震装置设置调节机构；1000kV 及 500kV 瓷柱式设备加装减震器；1000kV 及 500kV 避雷器、电压互感器等瓷柱类设备的安装底座加装减震器，在地震作用下减震器通过自身上下拉压变形来消耗能量，从而保护设备本体免受地震破坏；采用 1100kV GIS 端部断路器折叠布置方式，节省 GIS 主母线长度约 150m，综合投资减少约 1400 万元。

在施工建设方面，济南站新建、扩建工程 1000kV GIS 同步建设，提出了相应的土建配合施工方案及电气二次切改方案；首次采用地线换位和分段绝缘运行方式，最多可以降低地线电能损耗 500 万元/（百千米·年）；特高压交流工程高寒地区铁塔用钢深化研究应用，提出高寒地区角钢选材建议；首次在特高压交流工程中使用直升机吊装组塔，掌握了辅助机具开发、人机协同、施工组织等关键技术；首次在特高压交流工程中进行了直升机放线研究，突破了单回路直升机放线过塔关键技术；首次在特高压交流工程中大规模使用铜覆钢接地，解决了镀锌圆钢易腐蚀的问题。

（3）综合效益。建设锡盟—山东 1000kV 特高压交流输变电工程，对于促进锡盟能源基地开发，加快内蒙古资源优势向经济优势转化，满足京津冀鲁地区用电负荷增长需求，落实国家大气污染防治行动计划，改善生态环境质量，具有重要意义。

1）促进内蒙古资源优势向经济优势转化。锡盟地区褐煤储量大、开发条件好，适宜就地发电，且风能资源十分丰富，是同时开发煤电和风电的大型能源基地。锡盟能源基地煤电可开发电源装机约 5200 万 kW，风电技术可开发容量 5000 万 kW。加快锡盟能源基地开发建设，有利于促进内蒙古资源优势向经济优势转化，推动低碳经济发展，优化电源结构布局，保障国家能源安全。

2）有效缓解京津冀鲁地区电力供应紧张局面。京津冀鲁地区经济发达，电力需求持续快速增长。由于一次能源资源匮乏，土地和环保空间有限，电力供需矛盾日益凸显，大规模接受区外电力要求极为迫切。锡盟电力主送京津冀鲁和华东地区。工程建成后，远期输电能力可达 900 万 kW，可充分发挥大容量、远距离、多落点以及网络功能优势，有效缓解京津冀鲁地区电力供应紧张局面。

3）落实大气污染防治行动计划，改善生态环境质量。国家要求京津冀、长三角等区域力争实现煤炭消费总量负增长，通过逐步提高接受外输电比例等措施替代燃煤，除热电联产外，禁止审批新建燃煤发电项目。该工程作为落实国家大气污染防治行动计划的重点输电通道，建成后京津冀鲁地区每年将新增受电约 500 亿 kWh，可节约燃煤消费 2240 万 t，减少排放二氧化碳 4400 万 t、二氧化硫 11 万 t、氮氧化物 11.6 万 t，明显改善环境空气质量。

7.2.6　蒙西—天津南 1000kV 特高压交流输变电工程

（1）工程概况。蒙西—天津南 1000kV 特高压交流输变电工程是落实国家大气污染防治行动计划重点建设的 12 条输电通道之一。该工程新建蒙西、晋北、北京西和天津南 4 座变电站，新增变电容量 2400 万 kVA；新建蒙西—晋北—北京西—天津南双回线路，线路长度 2×627.1km，新建北京东—济南双回线路开断环入天津南变电站线路工程，新建线路长度 2×7.8km；工程途经内蒙古、山西、河北和天津四省（市、区）。工程核准动态总投资 175.2 亿元。该工程于 2015

年 1 月 16 日获得国家发展和改革委员会核准，2015 年 3 月全面开工建设，并于 2016 年 11 月建成投产。

（2）工程创新。在工程设计方面，优化总平面布置规整，减少待征地，充分满足无功设备的运输、安装和检修要求；优化地基处理方案，大大节省工期；1000kV GIS 采用移动式全封闭安装厂房，实现特高压开关现场安装工厂化，大幅提升了安装质量和效率；1000kV GIS 设备接地采用预埋铜块方案，设计了一种接地预埋铜块专用固定装置，并申请了国家实用新型专利；首次采用大电流母线，GIS 设备母线额定电流达到 9000A；采用防风沙盖板，实现防风沙设计。

在施工建设方面，优化房屋建筑结构布置，有效降低屋面荷载，提高建筑物抗震性能；采用 GIS 本体伴热带，有效解决冬季 SF_6 液化风险，保证设备低温环境可靠运行；通过采用专用高抗低温加热装置，解决高抗低温启动问题；构架基础桩基采用预应力方桩，有效控制基桩裂缝，提高桩身防腐性能，增加基桩抗拔和抗弯能力，优化构架基础承台尺寸和基桩数量。

在设备研制方面，黄土地段首次采用板式中型桩复合环保基础，基础的桩数、长度布置灵活；强腐蚀地段首次采用了裹体灌注桩基础，隔离腐蚀性物质浸入桩体；试点应用全过程机械化施工技术，设计理念和设计方法得到进一步创新，满足了线路全过程机械化施工要求；改进 1000kV 特高压交流工程耐张串引流线，改进耐张引流系统碰撞问题；大范围应用节能导线，采用 8×JL1/LHA1−465/210 铝合金芯铝绞线约 190km，单位长度年损耗费用节省 0.9～1.5（万元/km）。

（3）综合效益。建设蒙西—天津南 1000kV 特高压交流输变电工程，对于促进蒙西、晋北能源基地开发，加快内蒙古自治区和山西省的能源优势转化为经济优势，满足京津冀地区用电负荷增长需求，落实国家大气污染防治行动计划，改善大气环境质量，具有重要意义。

1）蒙西、晋北能源资源丰富，宜加快开发建设。蒙西准格尔、山西北部地区煤炭资源丰富，是我国重要的能煤电源基地，适宜大规模开发电力装机外送。根据内蒙古准格尔基地电源规划，准格尔煤电基地规划电源装机总容量 4320 万 kW，其中第一阶段电厂规划开工建设容量 1320 万 kW；晋北地区开展前期工作的大型电厂装机容量约有 900 万 kW。加快蒙西、晋北能源基地开发建设，有利于促进内蒙古、山西资源优势向经济优势转化，推动低碳经济发展，优化电源结构布局，保障国家能源安全。

2）京津冀电力供需矛盾突出，亟须大规模受入电力。京津冀地区经济发达，电力需求持续快速增长。由于一次能源资源匮乏，土地和环保空间有限，电力供需矛盾日益凸显，大规模接受区外电力要求极为迫切。蒙西、晋北电力主送京津冀地区，该工程建成后，可充分发挥大容量、远距离、多落点以及网络功能优势，有效缓解京津冀地区电力供应紧张局面。

3）落实大气污染防治行动计划，改善大气环境质量。国家要求京津冀、长三角等区域力争实现煤炭消费总量负增长，通过逐步提高接受外输电比例等措施替代燃煤，除热电联产外，禁止审批新建燃煤发电项目。该工程作为落实国家大气污染防治行动计划的重点输电通道，汇集准格尔、晋北规划建设的电源，向华北东部地区输送电力，符合我国总体能源流向和战略部署，是防治北京、天津等地区严重雾霾问题的重要举措之一。

7.2.7　榆横—潍坊 1000kV 特高压交流输变电工程

（1）工程概况。榆横—潍坊 1000kV 特高压交流输变电工程是我国 12 条重点输电通道建设工程之一，是特高压骨干网架的重要组成部分。工程新建晋中、石家庄、潍坊 3 座变电站和榆横开关站，新增变电容量 1500 万 kVA，并扩建济南变电站出线间隔；新建榆横—晋中—石家庄—济南—潍坊双回线路，线路全长 2×1059.3km（含黄河大跨越 2×3.3km）。线路途经陕西、山西、河北、山东四省。工程于 2015 年 5 月全面开工建设，并于 2017 年 8 月建成投产，工程动态总投资 241.8 亿元。

建设榆横—潍坊 1000kV 特高压交流输变电工程，发挥特高压输电大容量、远距离、多落点以及网络功能优势，可提高陕北、山西地区煤炭基地电力外送能力，满足河北、山东电网负荷增长需求，实现更大范围资源优化配置。

（2）建设管理组织体系。在变电部分设计方面，榆横站、晋中站、石家庄站、济南站、潍坊站，由国家电网公司交流建设公司和 4 家属地省级电力公司（陕西、山西、河北、山东）作为建设管理单位对工程进行全过程管理，8 家设计院参与图纸设计，7 家监理单位进行监理，16 家施工单位进行工程建设。

在线路部分设计方面，榆横—潍坊 1000kV 特高压交流输变电工程线路由 4

家属地省级电力公司作为建设管理单位进行工程全过程管理，14 家设计单位参与工程设计，9 家监理单位进行全过程监理，29 家施工单位完成工程建设。

电力规划设计总院是换流站和线路工程设计的评审单位，分阶段审定该工程主要设计技术原则；国网北京经济技术研究院是工程设计的技术牵头单位，负责设计过程协调、集中设计、技术方案设计及其内审工作，开展施工图及施工图预算评审工作。

（3）工程创新。

在工程设计方面，对于变电部分设计，晋中 1000kV 变电站主变采用解体变压器。一方面，保证建设工期，降低大件运输的费用；另一方面，在晋中站实施解体运输，可提前为特高压西南环网建设做技术储备。晋中、潍坊 1000kV 变电站为了提高设备的抗震性能，支柱类的细长型高压电气设备加装减震装置，对于变压器、高抗等设备，加装隔震装置。对低压无功补偿设备采用低位布置。

对于线路部分设计，大规模采用铝合金芯铝绞线，避免由于磁滞损耗和涡流损耗带来的电能损失，耐腐蚀与钢芯铝绞线相比有所提高。如在石家庄—济南同塔双回路段采用 8×JL1/LHA1－465/210 铝合金芯铝绞线共 200km 左右，与钢芯铝绞线相比单位长度年损耗费用节省 0.9～1.5 （万元/km）。该工程研究采用了跨越施工快速封网、吊桥封闭式跨越架技术，提升了施工安全可靠性，简化了工序、提高了封网施工效率，缩短被跨越电力线停电时间。

在设备研制方面，为避免电缆沟内钢制电缆支架长期运行后易腐蚀的问题，消除影响变电站安全运行的隐患，石家庄 1000kV 变电站考虑采用复合材料电缆支架；另外，考虑到特高压工程线路经常会跨越高速铁路、高速公路、高压线路等重要设施，跨越施工存在施工工作量大、周期长等问题，研究了 h 型、封闭性、Y 型、U 型多种新型跨越施工技术及装备。

在施工建设方面，对于晋中 1000kV 变电站，该变电站备品备件库兼做组装厂房，日常可存放备品备件，当新建或检修主变压器时可做组装厂房，不需额外征地；晋中变电站采用装配式围墙具有外形美观、减少现场湿作业、施工安装方便、后期基本不需要修整维护等优点，且工程远期扩建时装配式围墙可重复利用。

对于榆横 1000kV 变电站，变电站照明采用节能环保型灯具，以节约能源。

户外草坪灯采用太阳能灯具，这样可以有效地减小能源损耗，在全寿命周期内达到最优；变电站地处西北寒冷地区，屋面排水方式采用有组织内排水系统，能有效避免因雨雪冻融使排水立管冻裂或雨水口堵塞造成的雨水渗漏及积水现象。

（4）综合效益。

1）满足陕北、晋中煤电基地电力外送的需要。陕西榆横、山西晋中具备建设大规模煤电基地的有利条件，其煤炭资源分布广、储量大、煤质好、易开采，电源建设成本及发电成本均相对较低。榆横—潍坊工程的建设将大大提高陕北、晋中煤电基地电能外送能力，有效引导电源合理布局，推动陕北、晋中煤电基地发展，提高煤炭、发电行业的集约化发展水平，提高资源开发效率，节约电源建设投资和运行成本。

2）满足京津冀鲁电网负荷中心用电需要。华北京津冀鲁是我国主要的负荷中心，陕北煤电基地距离"三华"电网受端负荷中心约 700～1500km，晋中煤电基地距离受端负荷中心略近，按电源就近接入原则，并考虑各煤电基地间的关系，陕北、晋中煤电基地主要向华北京津冀鲁地区输送电力，满足经济发达地区负荷快速发展的需要。

3）符合特高压电网总体规划和大气污染防治要求。根据特高压电网总体规划的"三纵三横"特高压主网架，榆横—晋中—石家庄—济南—潍坊输电通道属于"三横"之一，汇集陕北、晋中的电源，向华北东部地区输送电力，符合我国总体能源流向和战略部署。此外，榆横—潍坊工程是国家电网公司落实国家大气污染防治行动计划的首批"四交四直"重点输电通道工程之一，工程的建设是防治华北地区严重雾霾问题的重要举措。

7.2.8　锡盟—胜利 1000kV 特高压交流输变电工程

（1）工程概况。锡盟—胜利 1000kV 特高压交流输变电工程由国家电网公司负责建设和运营，工程位于内蒙古锡林郭勒盟境内。新建胜利 1000kV 特高压变电站，变电容量为 2×3000MVA，并扩建锡盟变电站 2 回 1000kV 出线；新建锡盟—胜利特高压线路，线路全长 240km，其中同塔双回路 104km，单回路 2×136km，途经锡林浩特市、正蓝旗、多伦县三地。该工程动态总投资 49.56 亿元，并于 2016 年 4 月开工建设，并于 2017 年 6 月建成投产。

该工程是为落实国务院《大气污染防治行动计划》，满足锡盟—山东工程配套煤电项目接入和送出的需要，可进一步提高内蒙古地区煤炭基地电力外送能力，满足京津冀鲁地区电网负荷增长需求，对保障电力可靠供应和国家能源安全，实现更大范围资源优化配置。

（2）建设管理组织体系。在变电部分设计方面，锡盟变电站、胜利变电站，由国家电网公司交流建设公司作为建设管理单位进行全过程管理，3 家设计院参与图纸设计，2 家监理单位进行全过程监理，4 家施工单位进行工程建设。

在线路部分设计方面，锡盟—胜利 1000kV 特高压交流输变电工程线路工程由国网蒙东电力公司作为建设管理单位进行全过程管理，4 家设计单位参与工程设计，吉林省电力勘测设计院对工程全过程进行监理，6 家施工单位进行工程建设。

电力规划设计总院是换流站和线路工程设计的评审单位，分阶段审定该工程主要设计技术原则；国网经济技术研究院是工程设计的技术牵头单位，负责设计过程协调、集中设计、技术方案设计及其内审工作，开展施工图及施工图预算评审工作。

（3）工程创新。

在工程设计方面，对于变电部分设计，工程主变压器高压电抗器备用相采用快速更换方案。其中主变压器更换备用相采用轨道运输，高压电抗器更换备用相采用平板车整装运输，此方案可大大减少主变压器高压电抗器故障的停电时间；为应对低温影响，将 1100kV GIS 布置在室内，500kV 和 110kV 采用 HGIS，并采取加装伴热带防止 SF_6 气体低温液化措施。

对于线路部分设计，该工程采用铝合金芯铝绞线，其具有电能损失小、耐腐蚀高、质量轻，导线张力和垂直荷载小等特点的铝合金芯铝绞线，可减少铁塔钢材、混凝土用量和耐张绝缘子数量；塔材采用 Q420C 高强钢，塔重指标较采用 Q345 钢降低 8%，减少塔材 4000t 左右，节约工程费用 3000 余万元。

在设备研制方面，一方面，工程试点研发了复合横担塔，充分利用复合材料的绝缘特性，采用改进的上翘型复合横担塔，取消了绝缘子串，呼高降低 8m，塔身和导、地线的风荷载作用及杆塔基础作用力均明显减小，与常规角钢塔相比，改进上翘型复合横担塔走廊宽度降低 47%，塔重降低达 13%，基础混凝土方量减小 10%，综合造价降低 6%；另一方面，在保持 Q420B 钢合金成分不变的前提下，通过稀土处理，直接将 Q420B 材料的冲击韧性提升到 Q420C 级以上，大幅度提升了材料的冲击韧性，在高寒输电线路工程中具有较好的推广前景。

在施工建设方面，一是工程主变压器及高抗防火墙采用组合大钢模板清水混凝土防火墙，与常规木模板相比，缩短施工工期 50%～70%，人工工时仅为 31%～43%；二是工程根据沙漠、草原地质特点优化基础选型，并通过勘测成果、基础图纸检查等方式，促进经济环保型基础的进一步推广应用；三是考虑到锡盟国家级自然保护区环保要求标准高、生态异常脆弱、破坏后恢复难度大，因此工程建设需要开展全过程机械化施工，需高标准、严要求地做好环保专项控制，实现绿色施工等问题。

（4）综合效益。

1）满足锡盟电源汇集送出的需要，促进锡盟能源基地开发。锡林郭勒地区煤炭资源丰富，是我国重要的能源基地，适宜大规模开发外送。考虑锡盟特高压站与 7 个配套电源的距离较远，在 200～340km 左右，为节约线路走廊、提高通道输电能力，需要建设胜利特高压汇集站以及胜利—锡盟特高压线路，将锡盟煤电基地的电力通过特高压通道送至京津冀鲁负荷中心，符合我国总体能源流向和战略部署。同时为锡盟风电汇集外送提供重要并网点，满足锡盟地区风电外送需求。

2）提高京津冀鲁接受区外电力能力，满足负荷增长需要。根据京津冀鲁地区电力平衡，考虑核准及已获得路条的电源项目以及现有区外来电，该工程的建设将增加区外来电，对保障京津冀鲁电网安全可靠供电至关重要。

3）加强特高压电网网架，满足锡盟至泰州特高压直流接入。锡盟—泰州 ±800kV 特高压直流输电工程的锡盟换流站距离特高压交流胜利站较近。该工程不仅为锡盟换流站的接入提供条件，而且加强了胜利外送特高压通道的建设，可满足锡盟能源基地的电力外送，同时为直流提供电压支撑和系统运行条件，提高直流运行的安全稳定水平。

7.2.9　北京西—石家庄 1000kV 特高压交流输变电工程

（1）工程概况。北京西—石家庄 1000kV 特高压交流输变电工程扩建北京西、石家庄 1000kV 变电站，新建北京西—石家庄双回 1000kV 输电线路 2×222.601km。工程位于河北省境内，核准动态总投资 34.7235 亿元人民币，北京西 1000kV 变电站扩建工程扩建 2 回 1000kV 出线、1 组高压电抗器及 1 组低压无功设备。

工程于 2018 年 3 月开工建设，2019 年 6 月 4 日投入运行，线路设计输电能力 150 万 kW，实际最大达到 63 万 kW。

（2）建设管理组织体系。工程建设实行公司总部统筹协调、国网河北电力和国网信通公司现场建设管理、直属单位业务支撑的管理模式。国网特高压部（原交流部）负责工程建设全过程统筹协调和关键环节集约管控，制订工程建设管理纲要，指导国网河北电力等有关现场建设管理单位开展各项工作。

成立国网河北省电力有限公司特高压工程建设领导小组，在国家电网有限公司领导下，落实工程现场建设协调领导小组要求，负责河北南网特高压工程建设的统一组织协调，领导特高压工程前期协调、建设管理、生产准备等工作的开展，确保各项工作有序推进。工程建设领导小组下设前期协调、建设管理、生产准备 3 个工作组。

抽调国网河北经研院（国网河北建设公司）、国网河北检修公司、国网河北信通公司，以及国网河北保定、石家庄、衡水、邢台市县公司等单位骨干力量成立北京西—石家庄 1000kV 特高压交流输变电工程线路工程国网河北省电力有限公司业主项目部，以及石家庄 1000kV 变电站扩建工程、北京西 1000kV 变电站扩建工程国网河北省电力有限公司业主项目部，充分发挥各单位的专业和资源优势，形成以业主为管理中心，监理执行监督，设计、施工、物资协同实施的纵向贯通、横向协同的项目管理体系。

（3）工程创新。在工程设计方面，对于变电部分设计，该工程是国内首条采用三维设计及三维数字化移交的特高压交流工程。在 ProjectWise 平台上，采用多款 Bentley 专业软件协同完成三维设计，集成效果良好，既减少了设计阶段发生的碰撞差错，也满足国网数据库入库要求，为工程信息在项目全寿命周期的应用做好了充足的准备。针对系统操作过电压问题，该工程首次尝试应用了 1000kV 特高压可控避雷器技术，可柔性限制操作过电压、降低系统操作过电压风险，为今后工程解决类似问题进行了有效探索。对于线路部分设计，利用航飞获取的数字影像及数字高程数据，使设计人员在室内即可高效完成图上选线及线路优化工作。首次在特高压工程中全面应用 Q420，减小征占地范围、减小基础材料量，具有显著的经济效益及环保效益。全线 382 基铁塔采用 Q420 钢管及法兰，减少塔重 3580t（约占全线塔重的 5.1%），综合分析投资节省约 4800 万元。首次在输电线路中大批量采用 PHC 管桩基础，较灌注桩可节约成本 15%以上，同时大大提高了施工效率，避免了泥浆排放，具有明显的经济性、环保性。

在设备研制方面，为了进一步推进国产化进程和提升国产化率，在北京西和石家庄 1000kV 变电站扩建工程 1100kV GIS 中分别采用了三相由西开电气自主组装的灭弧室和三相国产液压碟簧操动机构，国产液压碟簧操动机构是继皖南扩之后又一次成功应用，且北京西扩建工程的国产化率提升到了 50%，不仅国产化率有所提升，也进一步扩充了国产设备的种类。

在施工建设方面，该工程安全、质量、环保全面达标，输电效益显著，显著提升了电网工程建设水平。一是工程试点实施"先签后建"，成效显著。在河北南网率先实现电网工程建设"安全质量双备案"，开工前即完成 186 项路径协议、5 类专项评估及 268 处房屋拆迁协议办理，提前实现了全线架通，实现"零缺陷"投运。二是高效完成密集跨越施工，自 2019 年 3 月 12 日至 4 月 29 日，面对 49 天密集跨越重要交通枢纽高风险重任，施工单位在施工方案制订、跨越安全防护、人员组织设计、物资设备投入等前期工作中准备充分，因地制宜选择安全系数最合理的防护措施，确保风险防控"无盲区"。三是推进吊车流水化作业成效显著，根据铁塔重量及段数，按常用吊车规格将铁塔分为底段、中段、上段，采用不同吨位吊车组合吊装方案施工，最大限度发挥不同吊车性能。相对抱杆组塔，吊车组塔对人员及工器具数量要求少，场地布置需求简单，转场灵活迅速，现场危险点少，极大节约了工程成本，在安全性和可操作性上优势明显。

（4）综合效益。北京西—石家庄 1000kV 特高压交流输变电工程是国家电网公司 2019 年投产的首个特高压工程，是首条落实雄安总体规划、构建"北风南水"清洁能源供应通道的特高压工程，是国网河北电力首个按照基建配套改革措施管理的特高压工程，是首个环水保后置管理的特高压工程，是落实"先签后建"、实现依法合规建设的首个特高压工程。该工程的投产，标志着我国乃至世界首个特高压双回环网工程正式投入运行，综合效益显著，现实意义重大。

1）增强华北主网抵御严重故障的能力，提高受端电网安全稳定性。该工程建设的北京西—石家庄的特高压通道，是今后华北区域特高压电网成环成网的关键组成部分。工程建成后，华北区域特高压电网的联系将更为紧密，形成覆盖京津冀鲁的特高压双回环网，能够增强华北主网抵御严重故障的能力，有效提高电网安全可靠性。

2）构建坚强特高压受电平台，提升资源配置能力。该工程建成后，将在京津冀负荷中心构建坚强特高压受电平台，远期可延伸至张北乃至锡盟地区，开辟从锡盟、张北新能源基地至京津冀鲁负荷中心的一条特高压输电通道，将锡盟、张北地区清洁能源送出至京津冀鲁负荷中心消纳，实现更大范围内资源优化配置。有效利用煤电基地和风电基地的资源优势，推动风电与火电电力打捆送出，有利于发挥电网间错峰效益以及新能源出力互补效益，满足张北、锡盟地区清洁能源基地送出需要，有利于提高资源开发效率，节约电源建设投资和运行成本，有利于减少环境污染。

3）加强南北通道互济能力，减轻河北南网送电压力。北京西—石家庄1000kV特高压交流输变电工程的建设将增加特高压"两横"之间的联络，加强南北通道互济能力，对满足受端电网的负荷增长、增强送电可靠性具有重要意义。

7.2.10 山东—河北特高压环网工程

（1）工程概况。山东—河北特高压环网工程包括新建枣庄1000kV变电站、菏泽1000kV变电站，扩建济南、潍坊、石家庄1000kV变电站，临沂1000kV变电站全部建设任务包含在山东临沂换流站—临沂变电站1000kV交流输变电工程中，新增变电容量1500万kVA，线路总长约2×825.9km（含黄河大跨越约2×2.7km）。山东—河北特高压环网工程双回线路起于1000kV潍坊变电站，经1000kV临沂变电站、枣庄变电站、菏泽变电站，止于1000kV石家庄变电站，线路长度约825.9km，途经山东、河南、河北3省，其中一般线路全长823.2km，黄河大跨越段长2.7km。全线沿线地形比例平地约71.6%，河网泥沼约3.6%，丘陵约12.2%，一般山地约13.3%。全线同塔双回路架设。该工程已于2020年1月4日投运。

（2）建设管理组织体系。工程建设实行公司总部统筹协调、省公司（河北、山东、河南）现场建设管理、直属单位业务支撑的管理模式，国网交流部代行项目法人职能。12 家设计院按时完成并提交设计图纸，9 家监理单位对工程全过程进行监理并提交监理报告，20 余家施工单位完成工程建设。

（3）建设进展。已完成。

7.2.11　张北—雄安 1000kV 特高压交流输变电工程

（1）工程规模。张北—雄安 1000kV 特高压交流输变电工程是华北特高压网架的重要组成部分，工程对提高张家口地区可再生能源送出消纳能力，满足河北南网负荷增长需要，保障雄安新区清洁电力能源供应，提高北京电网用电可靠性具有重要意义。其中张北 500kV 开关站升压扩建为 1000kV 变电站，工程新增主变压器规模 2×3000MVA，1000kV 出线两回至雄安 1000kV 特高压变电站；雄安（北京西）1000kV 变电站扩建工程扩建 2 个 1000kV 出线间隔至张北特高压变电站；工程全线位于河北省境内，途经河北省张家口市张北县、万全区、怀安县、阳原县、蔚县，保定市涞源县、易县、徐水县、定兴县。线路路径长度 2×319.9km，曲折系数 1.19，其中 124.5km 按两条并行的单回路架设，195.4km 同塔双回路架设。工程全部位于河北省境内，核准动态总投资 598232 万元，由公司总部和国网冀北、河北电力出资建设。

（2）建设管理组织体系。工程建设实行公司总部统筹协调，省公司、国网交流公司、国网信通公司现场建设管理，直属单位业务支撑的管理模式。国网特高压部负责工程建设全过程统筹协调和关键环节集约管控；公司总部相关部门按职责分工履行归口管理职能；国网华北分部负责职责范围内调度管理，按照总部分部一体化运作机制参与工程建设管；国网河北电力负责属地范围内线路和雄安（北京西）变电站扩建现场建设管理，承担雄安（北京西）变电站扩建出资、属地范围内属地协调职责；国网冀北电力负责属地范围内线路工程和张北变电站"四通一平"建设管理，承担张北变电站工程出资、属地范围内属地协调职责；国网交流公司负责张北变电站工程建设管理，负责现场建设技术统筹、管理支撑；国网信通公司负责系统通信工程建设管理；国网物资公司负责工程物资供应管理，并为公司总部及建设管理单位提供物资采购业务支撑；国网经研院协助公司总部组织工程设计管理，并提供业务支撑；中国电科院为公司总部及建管单位提供科研攻关等业务支撑，协助公司总部负责变电设备三级质量体系管理工作，负责变电设备监理、线路材料监理的管理。

（3）建设进展。已完成。

7.2.12 驻马店—南阳 1000kV 特高压交流输变电工程

（1）工程规模。驻马店—南阳 1000kV 特高压交流输变电工程是华中特高压交流主网架的重要组成部分，工程的建设有利于满足青海至河南特高压直流工程接入和送出条件，提高河南省接受区外电力能力，保障河南省特别是豫南地区用电负荷增长需求，对于促进地区经济社会发展具有重要意义。工程于 2018 年 11 月 23 日获得核准。

该工程新建驻马店 1000kV 变电站，扩建南阳 1000kV 变电站，新建驻马店至南阳双回 1000kV 输电线路 2×190.3km。工程全部位于河南省境内，核准动态总投资 508305 万元，由公司总部和国网河南电力出资建设。

驻马店 1000kV 变电站新建工程与驻马店±800kV 换流站合址建设。全站总征地面积 14.81hm²，全站总建筑面积 7733m²，本期装设 2 组 300 万 kVA 主变压器；南阳 1000kV 变电站扩建工程扩建 2 个 1000kV 出线间隔至驻马店特高压站，1 个 1000kV 出线间隔至荆门特高压站；工程起自驻马店 1000kV 变电站，止于南阳 1000kV 变电站，途经河南省驻马店市上蔡县、遂平县、西平县，平顶山市舞钢市和南阳市方城县。线路全长约 2×190.3km，除南阳变电站进线采用单回路终端塔，其余段采用同塔双回路架设。

（2）建设管理组织体系。工程建设实行公司总部统筹协调，省公司、国网交流公司、国网信通公司现场建设管理，直属单位业务支撑的管理模式。国网特高压部负责工程建设全过程统筹协调和关键环节集约管控；公司总部相关部门按职责分工履行归口管理职能；国网华中分部负责职责范围内调度管理，按照总部分部一体化运作机制参与工程建设管理；国网河南电力负责经营区域内线路工程和驻马店变电站建设管理、南阳变电站"四通一平"建设管理，承担驻马店变电站工程出资、经营区域内属地协调职责；国网交流公司负责张北变电站工程建设管理，负责现场建设技术统筹、管理支撑；国网信通公司负责系统通信工程建设管理；国网物资公司负责工程物资供应管理，并为公司总部及建设管理单位提供物资采购业务支撑；国网经研院协助公司总部组织工程设计管理，并提供业务支撑；中国电科院为公司总部及建管单位提供科研攻关等业务支撑，协助公司总部负责变电设备三级质量体系管理工作，负责变电设备监理、线路材料监理的管理。

（3）建设进展。已完成。

7.2.13　蒙西—晋中 1000kV 特高压交流输变电工程

（1）工程规模。蒙西—晋中 1000kV 特高压交流输变电工程，是加强华北特高压交流网架结构，增强抵御系统严重故障能力，保障煤电基地电源安全可靠送出，提高特高压交流通道输电能力的重要工程。工程于 2018 年 3 月 16 日获得发展改革委核准。工程扩建蒙西、晋中 1000kV 变电站，新建蒙西—晋中双回 1000kV 输电线路 2×304km。工程位于内蒙古、山西省境内，核准动态总投资 49.55 亿元，由公司总部和国网山西电力出资建设。

蒙西 1000kV 变电站位于内蒙古自治区鄂尔多斯市以东 140km 的准格尔旗魏家峁镇。该工程在原有围墙内预留位置扩建。本期 1000kV 出线 2 回（至晋中），一个半断路器接线，扩建的晋中Ⅰ、Ⅱ线分别与备用出线配串，共安装 4 台断路器，采用 GIS 设备；晋中 1000kV 变电站位于山西省晋中市南 59km 的平遥县洪善镇。该工程在原有围墙内预留位置扩建，本期 1000kV 出线 2 回（至蒙西），一个半断路器接线，扩建的蒙西Ⅰ、Ⅱ线分别与已建出线回路配串，共安装 2 台断路器，采用 GIS 设备；线路工程途经内蒙古自治区的鄂尔多斯市，山西省的忻州市、太原市、吕梁市、晋中市。线路全长约 2×304km，同塔双回路长度约 41km，单回路长度约 263km；其中，内蒙古境内线路长度约 2×9km，山西省境内线路长度约 2×295km。

（2）建设管理组织体系。工程建设实行公司总部统筹协调，省公司、国网交流公司现场建设管理，直属单位业务支撑的管理模式。国网特高压部负责工程建设全过程统筹协调和关键环节集约管控，制订工程建设管理纲要，指导现场建设管理单位开展各项工作；公司总部其他相关部门按职责分工履行归口管理职能；国网华北分部按照总部分部一体化运作机制，参与工程建设管理，重点协助公司总部开展工程启动调试、协调停电配合等工作；国网山西电力负责山西境内线路和晋中变电站扩建现场建设管理，承担山西境内工程出资和协调职责；国网蒙东电力负责内蒙古境内线路工程建设管理，负责内蒙古境内工程属地协调职责；国网交流公司负责蒙西变电站扩建工程建设管理，负责现场建设技术统筹、管理支撑；国网信通公司负责系统通信工程建设管理；国网物资公司负责工程物资供应管理，并为公司总部及建设管理单位提供物资采购业务支撑；国网经研院协助公司总部组织工程设计管理，并提供业务支撑；中国电科院为公司总部及建管单位提供科研攻关等业务支撑，协助公司总部组织变电设备质量管理，并牵头管理设备质量控制和系统调试工作。

（3）建设进展。已完成。

7.3　特高压直流输电工程项目

7.3.1　向家坝—上海±800kV 特高压直流输电示范工程

（1）工程概况。向家坝—上海±800kV 特高压直流输电示范工程于 2007 年 4 月 26 日核准，2010 年 7 月 8 日建成投运。工程在±500kV 超高压直流输电工程的基础上，在世界范围内率先实现了直流输电电压和电流的双提升，输电容量和送电距离的双突破，它的成功建设和投入运行，标志着国家电网全面进入特高压交直流混合电网时代。

向家坝—上海±800kV 特高压直流输电示范工程起于四川宜宾复龙换流站，止于上海奉贤换流站，途经四川、重庆、湖北、湖南、安徽、浙江、江苏、上海等 8 省市，四次跨越长江。线路全长 1907km。工程额定电压±800kV，额定电流 4000A，额定输送功率 640 万 kW，最大连续输送功率 720 万 kW。工程由国家电网公司负责建设，动态投资 232.74 亿元。

工程每年可向上海输送 320 亿 kWh 的清洁电能，最大输送功率约占上海高峰负荷的 1/3，可节省原煤 1500 万 t，减排二氧化碳超过 3000 万 t。

（2）建设管理组织体系。国家电网公司成立特高压直流示范工程建设领导小组，由国网特高压部代表国家电网公司行使法人职能，负责工程建设全过程的总体管理和监督，8 家属地省级电力公司（四川、上海、重庆、湖南、湖北、安徽、浙江、江苏）作为建设管理单位进行工程全过程管理，20 家设计单位参与工程设计，11 家监理单位对工程全过程进行监理，24 家施工单位进行工程建设。

（3）建设进展。已完成。

7.3.2　锦屏—苏南±800kV 特高压直流输电工程

（1）工程概况。锦屏—苏南±800kV 特高压直流输电工程于 2009 年开工建设，2012 年 12 月建成投产，是国家电网公司实施节能减排、优化资源配置的一个具有里程碑意义的重点工程，是继向家坝—上海±800kV 特高压直流输电工程之后开工建设的世界上电压等级最高、输送容量最大、输送距离最远、技术水平最先进的特高压输电线路工程。

锦苏工程总投资 222 亿元。锦苏工程西起四川西昌裕隆换流站，经四川、云南、重庆、湖南、湖北、安徽、浙江、江苏等 8 个省（市），至江苏同里换流站，输送容量 7200MW。该工程把四川雅砻江水电直送华东，每年可向华东地区输送电量约 360 亿 kWh，将四川水力资源优势转化为经济优势，极大缓解华东地区电力供应紧张压力，为华东地区经济社会发展提供可靠电力保障。

锦苏工程是坚强智能电网建设的关键工程，工程建设涉及前期论证、电网规划、科研攻关、工程设计、设备制造诸多方面，技术水平高，建设难度大，是一项具有重大经济意义、技术创新意义的工程。

（2）建设管理组织体系。锦屏—苏南±800kV 特高压直流输电工程建设坚决贯彻国家电网公司党组决策，国网特高压部行使法人职责，建立科学、严密的特高压直流工程建设管理体系，公司相关单位和部门、各参建单位和现场管理机构共同组成建设管理体系。四川、云南段直流线路工程由国网四川电力投资，其他直流线路工程和通信工程由国网江苏电力投资。国网四川、重庆、湖南、湖北、安徽、浙江、江苏电力负责属地范围内与工程建设有关的征地及地方关系协调和处理等工作，云南境内由国网四川电力负责。参加工程建设的科研、咨询、设计、监理、施工、调试、物资供应、监造、运输、试验等单位按照各自职责和合同的规定履行工程建设任务。

（3）建设进展。已完成。

7.3.3　晋北—南京±800kV 特高压直流输电工程

（1）工程概况。晋北—南京±800kV 特高压直流输电工程起点为晋北换流站，终点为南京换流站，初设推荐路径全长约 1111.232km（含黄河大跨越2.832km），线路航空距离 965km，线路曲折系数 1.15。线路途经山西、河北、山东、河南、安徽、江苏 6 省，其中山西省境内线路长度约 311km；河北省境内线路长度约 224.9km；山东省境内线路长度约 205.737km；河南省境内线路长度约 12.695km；江苏省境内线路长度约 127.4km；安徽省境内线路长度约 229.5km。沿线海拔在 0～2000m 之间。该工程沿线地形比例为：高山大岭 9.4%，山地 17.0%，泥沼 3.2%，平地 56.6%，丘陵 7.3%，河网 6.5%。该工程输送容量为 8000MW，额定电流 5000A，最大过载电流按 5500A 设计。

其中，晋北换流站位于山西省朔州市以北 37km 的山阴县吴马营乡，南京换流站位于江苏省淮安市西南 101km 的盱眙县王店乡，换流站换流容量为 8000MW，直流侧电压等级为 ±800kV。

（2）建设管理组织体系。该工程的晋北线路工程由国网特高压部总体负责管理，6 家属地省级电力公司（山西、河北、河南、山东、安徽、江苏）作为建设管理单位进行工程全过程管理，13 家设计院按期完成设计任务并提交设计图纸，5 家监理单位对工程全过程进行监理并提交监理报告，12 家施工单位完成工程建设。

晋北、南京换流站在国网特高压部总体负责管理下，国网交、直流公司和 2 家属地省级电力公司（山西、江苏）作为建设管理单位进行工程全过程管理，6 家设计院按期完成设计任务并提交设计图纸，2 家监理单位对工程全过程进行监理并提交监理报告，12 家施工单位完成工程建设。

（3）建设进展。已完成。

7.3.4　酒泉—湖南 ±800kV 特高压直流输电工程

（1）工程概况。酒泉—湖南 ±800kV 特高压直流输电工程起点为酒泉换流站，终点为湘潭换流站，途经甘肃、陕西、重庆、湖北、湖南 4 省 1 直辖市，线路长度为 2385.6km，线路航空距离 2062.5km，曲折系数 1.16。沿线海拔 50～3100m。该工程沿线地形比例为：峻岭 3.4%，高山 18.7%，山地 32.8%，丘陵 20.4%，平地 17.1%，泥沼 4.3%，河网 1.4%，沙漠 1.9%。线路经过地区最高海拔 3100m。

其中，酒泉换流站位于甘肃省酒泉市西北 180km 的瓜州县河东乡，湘潭换流站位于湖南省湘潭市西南 21km 的湘潭县射埠镇，换流站换流容量为 8000MW，直流侧电压等级为 ±800kV。

该工程的线路工程在国网特高压部总体负责管理下，5 家属地省级电力公司

（甘肃、陕西、重庆、湖北和湖南）作为建设管理单位进行工程全过程管理，25家设计院按期完成设计任务并提交设计图纸，12 家监理单位对工程全过程进行监理并提交监理报告，18 家施工单位完成工程建设。

（2）建设管理组织体系。酒泉、湘潭换流站由国网特高压部总体负责管理，国网交、直流公司和 2 家属地省级电力公司（甘肃、湖南）作为建设管理单位进行工程全过程管理，5 家设计院按期完成设计任务并提交设计图纸，2 家监理单位对工程全过程进行监理并提交监理报告，14 家施工单位完成工程建设。

（3）建设进展。已完成。

7.3.5　上海庙—临沂±800kV 特高压直流输电工程

（1）工程概况。上海庙—临沂±800kV 特高压直流输电工程起于内蒙古鄂尔多斯上海庙换流站，止于山东省临沂市沂南县智圣换流站，途经内蒙古、陕西、山西、河北、河南、山东 6 省（自治区），线路长度为 1230.4km（1%裕度，含黄河大跨越 2.8km），其中内蒙古境内约 215.3km，陕西境内约 183.0km，山西境内约 335.3km，河北境内约 139.8km，河南境内约 47.4km，山东境内约 309.6km。线路航空距离 1103km，曲折系数 1.105。沿线海拔在 0～1850m。该工程沿线地形比例为：平地 33.00%，丘陵 24.68%，沙漠 7.91%，河网 0.14%，泥沼 0.34%，山地 24.36%，高山 9.57%，线路经过地区最高海拔约 1850m。

其中，上海庙换流站位于内蒙古自治区鄂尔多斯市西南 280km 的上海庙镇，临沂换流站位于山东省临沂市东北 57km 的沂南县，换流站换流容量为 10000MW，直流侧电压等级为±800kV。

（2）建设管理组织体系。该工程的线路工程由国网特高压部总体负责管理，6 家属地省级电力公司（蒙东、陕西、山西、河北、河南、山东）作为建设管理单位进行工程全过程管理，15 家设计单位参与工程设计，7 家监理单位对工程全过程进行监理，13 家施工单位完成工程建设。

上海庙、临沂换流站由国网特高压部总体负责管理，国网交、直流公司和 2 家属地省级电力公司（蒙东、山东）作为建设管理单位进行工程全过程管理，6 家设计院按期完成设计任务并提交设计图纸，2 家监理单位对工程全过程进行监理并提交监理报告，17 家施工单位完成工程建设。

（3）建设进展。已完成。

7.3.6 锡盟—泰州±800kV 特高压直流输电工程

（1）工程概况。锡盟—泰州±800kV 特高压直流输电工程起于锡盟换流站，止于泰州换流站，途经内蒙古、河北、天津、山东、江苏 4 省 1 直辖市，线路长度为 1627.9km，其中内蒙古境内约 281.8km，河北境内约 513.1km（其中北段 393.7km，南段 119.4km），天津境内约 136.9km，山东境内约 442km，江苏境内约 254.1km。线路航空距离 1268.9km，曲折系数 1.28。沿线海拔 0～1700m。该工程沿线地形比例为：平地 54.0%，丘陵 11.4%，一般山地 12.1%，高山 6.3%，峻岭 0.2%，河网/泥沼 8.4%，沙丘地 7.6%，线路经过地区最高海拔 1700m。

其中，锡盟换流站位于内蒙古自治区锡林浩特市东北 50km 的朝克乌拉苏木乡，泰州换流站位于江苏省泰州市北 80km 的兴化市大邹镇，换流站换流容量为 10000MW，直流侧电压等级为±800kV。

（2）建设管理组织体系。该工程的线路工程由国网特高压部总体负责管理，6 家属地省级电力公司（蒙东、冀北、天津、河北、山东、江苏）作为建设管理单位进行工程全过程管理，18 家设计单位参与工程设计，9 家监理单位对工程全过程进行监理，12 家施工单位完成工程建设。

锡盟、泰州换流站在国网特高压部总体负责管理下，国网交、直流公司和 2 家属地省级电力公司（蒙东、江苏）作为建设管理单位进行工程全过程管理，6 家设计院按期完成设计任务并提交设计图纸，2 家监理单位对工程全过程进行监理并提交监理报告，14 家施工单位完成工程建设。

（3）建设进展。已完成。

7.3.7 扎鲁特—青州±800kV 特高压直流输电工程

（1）工程概况。扎鲁特—青州±800kV 特高压直流输电工程起于扎鲁特换流站，止于青州换流站，途经内蒙古、河北、天津、山东共计 3 省 1 直辖市，线路长度为 1233.7km，其中内蒙古境内约 488.4km，河北境内约 424.9m（其中北段 246.3km，南段 178.6km），天津境内约 138.7km，山东境内约 181.7km。全线沿线地形比例为：平地 58.6%，丘陵 6.2%，沙漠 6.8%，河网 1.5%，一般山地 21.9%，高山 5.0%，线路经过地区最高海拔 1700m。

其中，扎鲁特换流站位于内蒙古自治区通辽市西北 90km 的道老杜苏木，青州换流站位于山东省青州市北偏东 22km 的何官镇，换流站换流容量为

10000MW，直流侧电压等级为±800kV。

（2）建设管理组织体系。该工程的线路工程由国网特高压部总体负责管理，5家属地省级电力公司（蒙东、冀北、天津、河北、山东）作为建设管理单位进行工程全过程管理，12家设计单位参与工程设计，6家监理单位对工程全过程进行监理，12家施工单位完成工程建设。

扎鲁特、青州换流站在国网特高压部总体负责管理下，国网交、直流公司和2家属地省级电力公司（蒙东、山东）作为建设管理单位进行工程全过程管理，6家设计院按期完成设计任务并提交设计图纸，2家监理单位对工程全过程进行监理并提交监理报告，14家施工单位完成工程建设。

（3）建设进展。已完成。

7.3.8 哈密南—郑州±800kV特高压直流输电工程

（1）工程概况。哈密南—郑州±800kV特高压直流输电工程，是我国自主设计、制造和建设，目前世界输送容量最大的直流工程。起点在新疆哈密南部能源基地，落点郑州。途经新疆、甘肃、宁夏、陕西、山西、河南6省（区），线路全长2210km，工程投资233.9亿元，于2014年1月27日建成投运，每年可将370亿kWh的电量输送到中原大地，该工程是继宁东—山东±660kV直流输电工程之后的又一重要通道，标志着"疆电外送"战略实施迈出了关键一步。

（2）建设管理组织体系。国网特高压部是项目法人代表，负责工程建设全过程的总体管理和监督，负责确定工程建设总体目标，指导、协调、监督工程建设各项工作。重大问题和事项报请公司决策。

成立分省建设协调领导小组。由国网特高压部（组长单位）、物资部（副组长单位）、设备管理部（副组长单位）、交直流建设公司（副组长单位）、省公司（副组长单位）和国网信通公司和工程设计、监理、施工单位负责人组成，负责确定工程建设总体目标，指导、协调、监督工程建设各项工作。

分省建设协调领导小组下设现场指挥部。现场指挥部由国网交、直流公司（送端换流站总指挥单位），国网新疆电力（送端接地极及接地极线路总指挥单位和送端换流站副总指挥单位）、河南电力（受端换流站、接地极及接地极线路总指挥单位）、运行分公司（两端换流站副总指挥单位）、信通公司（副总指挥单位）、物流中心（副总指挥单位）和工程设计、监理、施工及工程途经供电公司相关负责人组成，具体负责工程建设现场实施的协调工作。

（3）建设进展。已完成。

7.3.9 溪洛渡—浙西±800kV特高压直流输电工程

（1）工程概况。溪洛渡—浙西±800kV特高压直流输电工程是国家"十二五"重点工程，动态投资238.55亿元，途经四川、贵州、湖南、江西、浙江5省。该工程新建四川±800kV双龙换流站，安装单台容量40.6万kVA的换流变压器28台，建设500kV交流出线间隔7个；新建浙江±800kV金华换流站，安装单台容量38.2万kVA的换流变压器28台，建设500kV交流出线间隔10个；新建±800kV直流线路1679.9km。

作为"西电东送"的重要通道，该工程可保证溪洛渡左岸水电站电力可靠送出，极大缓解华东地区电力供应紧张状况，促进能源资源大范围优化配置，推进清洁能源利用。

（2）建设管理组织体系。国网特高压部是项目法人代表，负责工程建设全过程的总体管理和监督，负责确定工程建设总体目标，指导、协调、监督工程建设各项工作。重大问题和事项报请公司决策。

成立分省建设协调领导小组。由国网特高压部（组长单位）、物资部（副组长单位）、设备管理（副组长单位）、交流公司和直流公司（副组长单位）、四川/浙江电力（副组长单位）和国网信通公司以及工程设计、监理、施工单位负责人组成，负责确定工程建设总体目标，指导、协调、监督工程建设各项工作。

分省建设协调领导小组下设现场指挥部。现场指挥部由国网交、直流公司（送端换流站总指挥单位）、国网四川电力（送端接地极及接地极线路总指挥单位和送端换流站副总指挥单位）、浙江电力（受端换流站、接地极及接地极线路总指挥单位）、运行分公司（两端换流站副总指挥单位）、信通公司（副总指挥单位）、物流中心（副总指挥单位）和工程设计、监理、施工及工程途经供电公司相关负责人组成，具体负责工程建设现场实施的协调工作。

（3）建设进展。已完成。

7.3.10 灵州—绍兴±800kV特高压直流输电工程

（1）工程概况。灵州—绍兴±800kV特高压直流输电工程途经宁夏、陕西、山西、河南、安徽、浙江6省（自治区），输电距离约为1720km，工程起于宁夏回族自治区银川市境内宁东换流站（南梁东站址），止于浙江省绍兴市诸暨市浙江绍兴换流站（毫岭站址）。线路全长 1720km，采用±800kV 直流输电方案。该工程是国家加快推进大气污染防治行动计划 12 条重点输电通道建设项目中首个投运的特高压直流输电战略性工程。灵绍特高压工程作为国家"西电东送"战略的重要项目，每年可向浙江输送电量 500 亿 kWh，可满足浙江全省 1/6 的用电需求。

（2）建设管理组织体系。国网特高压部代表公司代行项目法人职责，负责工程建设全过程的总体管理和监督，负责制订工程建设总体目标，编制工程招标、主要技术方案、设备选型、设备自主化等重大事项方案，并报请公司决策。总部其他有关部门按照部门职责行使各自归口管理职能。

现场组建业主项目部，由国网交、直流公司（灵州换流站），国网宁夏电力（灵州换流站）、浙江电力（绍兴换流站）和工程设计、监理、施工等单位有关人员组成，负责现场建设组织协调工作。

（3）建设进展。已完成。

7.3.11　准东—皖南±1100kV 特高压直流输电工程

（1）工程概况。准东—皖南±1100kV 特高压直流输电工程是世界上第一条±1100kV 直流输电工程，将特高压直流输电容量由±800kV 的 1000 万 kW，进一步提升到 1200 万 kW，输送距离提高到 3000km 以上，进一步提高了直流输电效率，节约了土地和走廊资源，提高了经济和社会效益。该工程也是目前世界上电压等级最高、输送容量最大、输电距离最远、技术水平最高的特高压输电工程。

准东—皖南±1100kV 特高压直流输电工程起于新疆准东五彩湾换流站，终点为安徽皖南换流站，线路总长 3287.282km，其中大跨越 3.869km，一般线路长度 3283.413km。航空线长度为 2997.1km，海拔 10～2400m，沿线途经新疆、甘肃、宁夏、陕西、河南、安徽 6 省。

其中，准东五彩湾（昌吉）换流站位于新疆维吾尔自治区昌吉回族自治州东北 148km 的吉木萨尔县三台乡，皖南（古泉）换流站位于安徽省宣城市西北 18km 的古泉镇，换流站换流容量为 12000MW，直流侧电压等级为±1100kV。

（2）建设管理组织体系。该工程的线路工程在国网特高压部总体负责管理下，6 家属地省级电力公司（新疆、甘肃、宁夏、陕西、河南、安徽）作为建设管理单位进行工程全过程管理，27 家设计单位参与工程设计，13 家监理单位对工程全过程进行监理，30 家施工单位进行工程建设。

昌吉、古泉换流站在国网特高压部总体负责管理下，国网交、直流公司和 2 家属地省级电力公司（新疆、安徽）作为建设管理单位进行工程全过程管理，6 家设计院按期完成设计任务并提交设计图纸，2 家监理单位对工程全过程进行监理并提交监理报告，14 家施工单位进行工程建设。

（3）建设进展。已完成。

7.3.12　云南—广东±800kV 特高压直流输电示范工程

（1）工程概况。云南—广东±800kV 特高压直流输电示范工程，西起云南楚雄州禄丰县，东至广东增城市，线路全长 1438km，额定输送容量 500 万 kW，动态总投资 137 亿元。2009 年单极投运，2010 年双极投运。

云广直流输电工程是国家"十一五"重点建设项目及直流特高压输电自主化示范工程，于 2006 年 12 月 19 日开工建设，2010 年 6 月 18 日双极投运。该工程额定输电电压±800kV，额定输电容量 500 万 kW，输电距离 1412km。送端换流站位于云南楚雄彝族自治州的禄丰县，受端换流站位于广州市增城市。该工程负责将云南小湾、金安桥水电站和云南电网部分富余电量送到广东。

该工程可促进能源资源在更大范围内实现优化配置，促进五省区优势互补，协调发展。该工程获得了"亚洲最佳输配电工程奖"等多项荣誉，是中国乃至世界电力工业史上的一个里程碑。中国南方电网有限责任公司拥有自主知识产权，自主化率将超过 60%。该工程的建设对占领世界输变电技术制高点，推动我国民族装备工业的发展，具有重要意义。

（2）建设管理组织体系。该工程的线路工程在中国南方电网有限责任公司超高压输电公司总体负责管理下，8 家所属运维单位进行工程全过程管理，7 家设计单位参与工程设计，8 家监理单位对工程全过程进行监理，30 家施工单位进行工程建设。

楚雄、穗东换流站在南方电网超高压输电公司总体负责管理下，南方电网超高压输电公司昆明局和广州局作为建设管理单位进行工程全过程管理，2 家设计院按期完成设计任务并提交设计图纸，3 家监理单位对工程全过程进行监理并提交监理报告，9 家施工单位进行工程建设。

（3）建设进展。已完成。

7.3.13 糯扎渡—广东±800kV 特高压直流输电工程

（1）工程概况。糯扎渡—广东±800kV 特高压直流输电工程起于云南省普洱市，止于广东省广州市，建设普洱、江门换流站，送、受端分别建设一个接地极（受端接地极与肇庆±500kV 换流站接地极合建），直流线路途经云南、广西、广东，全长约 1413km，输送容量 5000MW。

该工程于 2011 年 7 月获得核准，2015 年 5 月正式投运。每年可为云南省送出清洁水电约 250 亿 kWh，相当于节约标准煤 800 万 t，减少二氧化碳排放 2000 万 t，减少二氧化硫排放 15.4 万 t，减少粉尘排放 400 万 t，输送的清洁水电对减少大气污染也将发挥重要作用。

（2）建设管理组织体系。该工程的线路工程在中国南方电网有限责任公司超高压输电公司总体负责管理下，8 家所属运维单位进行工程全过程管理，7 家设计单位参与工程设计，8 家监理单位对工程全过程进行监理，21 家施工单位进行工程建设。

普洱、江门换流站在南方电网超高压输电公司总体负责管理下，南方电网超高压输电公司昆明局和广州局作为建设管理单位进行工程全过程管理，2 家设计院按期完成设计任务并提交设计图纸，5 家监理单位对工程全过程进行监理并提交监理报告，8 家施工单位进行工程建设。

（3）建设进展。已完成。

7.3.14 滇西北—广东±800kV 特高压直流输电工程

（1）工程概况。滇西北—广东±800kV 特高压直流输电工程起于云南省大理白族自治州，止于深圳市宝安区，建设新松、东方换流站，送、受端分别建设一个接地极（送端接地极与金官±500kV 换流站接地极合建），直流线路途经云南、贵州、广西、广东，全长约 1953km，输送容量 5000MW。

该工程于 2015 年 12 月获得核准，2018 年 5 月正式投运，是落实国家加快推进大气污染防治行动计划 12 条重点输电通道之一，也是国务院保障经济"稳增长"的重点工程，总投资约 222 亿元。该工程建设不仅可提高西部澜沧江上游电能外送能力，也可有效缓解珠三角地区环境压力，促进地区经济持续健康发展，每年可为珠三角地区减少煤炭消耗 640 万 t、二氧化碳排放量 1600 万 t、二氧化硫排放量 12.3 万 t。

（2）建设管理组织体系。该工程的线路工程在中国南方电网有限责任公司超高压输电公司总体负责管理下，5 家所属运维单位进行工程全过程管理，10 家设计单位参与工程设计，7 家监理单位对工程全过程进行监理，19 家施工单位进行工程建设。

新松、东方换流站在南方电网超高压输电公司总体负责管理下，南方电网超高压输电公司大理局和广州局作为建设管理单位进行工程全过程管理，2 家设计院按期完成设计任务并提交设计图纸，2 家监理单位对工程全过程进行监理并提交监理报告，6 家施工单位进行工程建设。

（3）建设进展。已完成。

7.3.15　昆柳龙±800kV 特高压混合直流工程

（1）工程概况。昆柳龙±800kV 特高压混合直流输电工程起于云南省昆明市，止于广西壮族自治区柳州市和广东省惠州市，建设昆北、柳北、龙门换流站（送端昆北换流站采用特高压常规直流，受端柳北换流站和龙门换流站采用特高压柔性直流），送、受端三站分别建设一个接地极（受端柳北换流站接地极与柳南±500kV 换流站接地极合建），直流线路途经云南、贵州、广西、广东，全长约 1489km，输送容量 8000MW。

该工程于 2018 年 3 月获得核准，预计于 2021 年正式投运，是国家"十三五"规划明确的跨省区输电重点示范工程，是世界首个特高压多端混合直流输电工程。建成后每年可送电 320 亿 kWh，相当于减少燃煤消耗 920 万 t、减排二氧化碳 2450 万 t，对促进西部清洁能源消纳、实现资源优化配置、服务粤港澳大湾区建设等具有重要意义。

（2）建设管理组织体系。该工程的线路工程在中国南方电网有限责任公司超高压输电公司总体负责管理下，7 家所属运维单位进行工程全过程管理，7 家设计单位参与工程设计，7 家监理单位对工程全过程进行监理，14 家施工单位进行工程建设。

昆北、柳北和东方换流站在南方电网超高压输电公司总体负责管理下，南方电网超高压输电公司昆明局、柳州局和广州局作为建设管理单位进行工程全过程管理，3 家设计院按期完成设计任务并提交设计图纸，2 家监理单位对工程全过程进行监理并提交监理报告，11 家施工单位进行工程建设。

（3）建设进展。已完成。

7.3.16　张北柔性直流工程

（1）工程概况。张北柔性直流工程本期为张北—康保—丰宁—北京四端柔性直流电网，包括张北和康保 2 座送端换流站、北京受端换流站，以及丰宁调节端换流站，换流容量分别为张北 3000MW、康保 1500MW、北京 3000MW、丰宁 1500MW；直流电网形成环网结构，电压等级为 $\pm 500kV$。4 个换流站站址分别推荐为河北省张家口市张北县公会镇、北京市延庆区帮水峪村、张家口市康保县李家地镇姚家滩村、河北省承德市丰宁县黄旗镇石栅子村。直流线路总长度 665.9km（其中同塔双回线路长度 2×32.4km），途经河北省和北京市。线路沿线海拔在 400～2120m，沿线地形比例为：平地 29.83%，丘陵 17.0%，河网 0.28%，一般山地 50.78%，高山 2.11%。该工程已于 2020 年 6 月 29 日投运。

（2）建设管理组织体系。该工程的线路工程在国网特高压部总体负责管理下，国网冀北电力作为建设管理单位进行工程全过程管理，9 家设计院按时完成并提交设计图纸，3 家监理单位对工程全过程进行监理并提交监理报告，5 家施工单位完成工程建设。

该工程的换流站在国网特高压部总体负责管理下，国网直流公司和 2 家属地（冀北、北京）省级电力公司作为建设管理单位进行工程全过程管理，7 家设计院按时完成并提交设计图纸，4 家监理单位对工程全过程进行监理并提交监理报告，10 家施工单位完成工程建设。

（3）建设进展。已完成。

7.4　特高压其他典型工程项目

7.4.1　苏通 GIL 综合管廊工程

（1）工程概况。淮南—南京—上海 1000kV 交流特高压输变电工程苏通 GIL 综合管廊工程（简称苏通 GIL 综合管廊工程），工程起于北岸（南通）引接站，采用敷设于管廊（隧道）中的两回（6 相）1000kV GIL 管线穿越长江，止于南岸（苏州）引接站。管廊（隧道）线位总长 5530.5m，其中盾构段长度约 5468.5m；

GIL 管线单相长度约 5820m，6 相合计总长 34920m。隧道断面按预留 2 回 500kV 电缆考虑，内径为 10.5m，外径为 11.6m。该工程已于 2019 年 9 月 26 日投运。

（2）建设管理组织体系。苏通 GIL 综合管廊工程在国网特高压部总体负责管理下，由国网江苏电力作为建设管理单位进行工程全过程管理，2 家设计院分别承担总体和电气设计及隧道设计任务，按时完成并提交设计图纸，1 家监理单位对工程全过程进行监理并提交监理报告，2 家施工单位完成工程建设。

（3）建设进展。已完成。

7.4.2 渝鄂柔性直流背靠背联网工程

（1）工程概况。渝鄂柔性直流背靠背联网工程是目前世界上电压等级最高、输送容量最大的柔性直流背靠背工程。该工程是解决西南、华中、华东 500kV 长链式交流电网的稳定问题，降低特高压电网"强直弱交"结构性风险的关键工程。工程建设 2 座 ±420kV 换流站，每站 2 个 1250MW 背靠背换流单元，联结变压器 26 台，开关 19 个间隔。

南通道换流站位于湖北省恩施州咸丰县高乐山镇杉树园村，围墙内占地 6.954hm^2，直流电压 ±420kV、换流容量 2×1250MW，500kV 交流出线 4 回。全站安装 12 台单相三绕组联结变压器，备用 1 台。北通道换流站位于湖北省宜昌市夷陵区龙泉镇香烟寺村，围墙内占地 6.662hm^2，直流电压 ±420kV、换流容量 2×1250MW，500kV 交流出线 4 回。全站安装 12 台单相三绕组联结变压器，备用 1 台。该工程已于 2019 年 7 月 1 日投运。

（2）建设管理组织体系。渝鄂柔性直流背靠背联网工程由国网特高压部总体负责管理，国网直流公司和属地国网湖北电力作为建设管理单位对工程进行全过程管理，5 家设计单位按期完成设计任务并提交设计图纸，3 家监理单位对工程全过程进行监理并提交监理报告，9 家施工单位完成工程建设。

（3）建设进展。已完成。

参 考 文 献

［1］ 王卓甫，杨高升. 工程项目管理：原理与案例［M］. 北京：中国水利水电出版社，2005.

［2］ 仲景冰，王红兵，陈顺良. 工程项目管理. 2版.［M］. 北京：北京大学出版社，2012.

［3］ 丹尼尔·L. 巴布科克，露西·C. 莫尔斯著，金永红. 工程技术管理学. 3版.［M］. 北京：中国人民大学出版社，2005.

［4］ 项目管理协会. 项目管理知识体系指南［M］. 北京：电子工业出版社，2005.

［5］ 埃里克·冯·希普尔. 民主化创新：用户创新如何提升公司的创新效率［M］. 北京：知识产权出版社，2007.

［6］ 吴贵生，王毅. 技术创新管理. 2版.［M］. 北京：清华大学出版社，2009.

［7］ 李建平. KLT 集团公司基于创新的国际化战略研究［D］. 上海：上海交通大学安泰经济与管理学院，2007.

［8］ 高洪波. 创新的核心是主导权创新［J］. 山东经济战略研究，2016（4）：16.

［9］ 苏楠，吴贵生. 创新链视角下的用户主导创新研究——以神华集团高端液压支架自主创新为例［J］. 机电产品开发与创新，2011，24（5）：1–4.

［10］ 姜忠辉，崔珍珍. 用户创新研究评述与展望［J］. 中国海洋大学学报（社会科学版），2017（5）：91–97.

［11］ 刘洪民，杨艳东. 用户创新与产学研用协同创新激励机制［J］. 技术经济与管理研究，2017（7）：31–34.

［12］ 舒风笛，赵玉柱，王继喆，等. 个性化领域知识支持的用户主导需求获取方法［J］. 计算机研究与发展，2007（6）：1044–1052.

［13］ 周元，王海燕. 关于我国区域自主创新的几点思考［J］. 中国软科学，2006（1）：13–17.

［14］ 栾昊，石书德. 国家电网特高压交流工程协同创新实践［J］. 石油科技论坛，2015，34（5）：60–63.

［15］ 董艳，张大亮，徐伟青. 基于创新范式的用户创新资源开发策略研究［J］. 科技进步与对策，2010，27（9）：22–25.

[16] 苏楠，吴贵生. 基于结构洞理论的用户主导创新成因研究 [J]. 技术经济，2015，34（5）：1-4+77.

[17] 苏楠，吴贵生. 领先用户主导创新：自主创新的一种新模式——以神华集团高端液压支架自主创新为例 [J]. 科学学研究，2011，29（5）：771-776+800.

[18] 黄知之. 面向用户创新的客户关系管理研究 [D]. 武汉：武汉理工大学管理学院，2014.

[19] 李婧，陈旺虎，熊锦华. 面向用户主导问题求解环境的服务组合方法 [J]，计算机应用，2010，30（12）：3201-3203+3214.

[20] 孙昕. 用户主导的特高压输电工程创新管理 [J]. 中国电力企业管理，2014（23）：96-97.

[21] 黄阳华，吕铁. 市场需求与新兴产业演进——用户创新的微观经济分析与展望 [J]. 中国人民大学学报，2013，27（3）：54-62.

[22] 温彦，刘晨，韩燕波. 一种用户主导的跨组织数据按需集成方法 [J]. 西安交通大学学报，2013，47（2）：116-123.

[23] 冯帆. 以我为主凸现用户主导性 [J]. 产业与经济，2014（6）：25-26.

[24] 董艳，张大亮，徐伟青. 用户创新的条件和范式研究 [J]. 浙江大学学报（人文社会科学版），2009，39（4）：43-54.

[25] 简炼. 用户主导创新的理论与实践 [J]. 深圳职业技术学院学报. 2011. 10（6）：10-17.

[26] 孙伟仁. 用户主导的 ERP 实施风险管理研究 [D]. 北京：北京工业大学企业管理学院，2010.

[27] 杨叶，李明树. 用户主导的面向领域的需求分析方法 [J]. 计算机工程与设计，2000（2）：21-25.

[28] 刘振亚. 中国特高压交流输电技术创新 [J]. 电网技术，2013，37（3）：567-574.

[29] 孙昕. 特高压的管理创新 [J]. 国家电网，2014（12）：119.

[30] 孙昕. 用户主导赋予创新强大动力源 [N]. 科技日报，2014-07-08（6）.

[31] 王浩. 特高压一线的管理样本 [J]. 国家电网，2016（3）：95-96.

[32] 李辉. 知识经济背景下的企业创新文化 [D]. 山东：山东师范大学，2001.

[33] 刘振亚. 特高压交流输电技术研究成果专辑 [M]. 北京：中国电力出版社，2014.

[34] 吴健生. 省级电网企业特高压建设管理体系构建研究 [D]. 杭州：浙江工业大学，2015.

[35] 国家电网公司直流建设分公司. 特高压直流工程建设管理实践与创新 [M]. 北京：中国电力出版社，2018.

［36］ 国网经济技术研究院有限公司，胡劲松. 特高压交流变电工程设计典型案例［M］. 北京：中国电力出版社，2018.

［37］ 周浩. 特高压交直流输电［M］. 杭州：浙江大学出版社，2017.

［38］ 刘振亚. 特高压交流输电技术丛书［M］. 北京：中国电力出版社，2008.

［39］ 胡婧，赵庆波，黄强，等. "五大"体系：管理变革的"特高压"［J］. 国家电网，2011（2）：36–38.

［40］ 胡婧，赵庆波，丁广鑫，等. "五大"体系构建之路［J］. 国家电网，2012（1）：34–39.

［41］ Bjelland O M，Wood R C. An inside view of IBM's 'innovation jam'［J］. MIT Sloan Management Review，2008，50（1）：32–40.

［42］ Baglieri D，Lorenzoni G. Closing the distance between academia and market：experimentation and user entrepreneurial processes［J］. Journal of Technology Transfer，2014，39（1）：52–74.

［43］ Schreier M，Pruegl R. Extending lead-user theory：antecedents and consequences of consumers' lead userness［J］. Journal of product innovation management，2008，25（4）：331–346.

［44］ Marchi G，Giachetti C，Gennaro P D. Extending lead-user theory to online brand communities：the case of the community Ducati［J］. Technovation，2011，31（8）：350–361.

［45］ Chesbrough H W，Garman A R. How open innovation can help you cope in lean times［J］. Harvard Business Review，2009，87（12）：68–76.

［46］ Lüthje C，Herstatt C. The lead user method：an outline of empirical findings and issues for future research［J］. R&D Management，2004，34（5）：553–568.

［47］ Schreier M，Oberhauser S，Reinhard Prügl. Lead users and the adoption and diffusion of new products：insights from two extreme sports communities［J］. Marketing Letters，2007，18（1）：15–30.

［48］ Herstatt，C. From experience：developing new product concepts via the lead user method：a case study in a "low-tech" field［J］. Journal of Product Innovation Management，1992，9（3）：213–221.

［49］ Franke N，Von Hippel E，Schreier M. Finding commercially attractive user innovations：a test of lead-user theory［J］. Journal of product innovation management，2006，23（4）：301–315.

［50］Chesbrough H W. The era of open innovation［J］. MIT Sloan Management Review，2003，44（3）：35-41.

［51］Carayannis E G，Meissner D，Edelkina A. Targeted innovation policy and practice intelligence（TIP2E）：concepts and implications for theory，policy and practice［J］. The Journal of Technology Transfer，2017，42（3）：460-484.

［52］WANG Y，DONG Q，WEN F，et al. Combined use of support vector machine and extreme gradient boosting system for cost prediction of ultra high voltage transmission projects［C］//2019 IEEE Innovative Smart Grid Technologies-Asia（ISGT Asia）. IEEE，2019：3708-3712.

［53］XIE Y，TANG X，TIAN C, et al. UHV grid delamination and partition planning method and application based on short circuit current coordination［C］//2018 International Conference on Power System Technology（POWERCON）. IEEE，2018：81-86.

［54］HUO F，LU W，QIU Z，et al. Study on electric field distribution characteristics of the maintenance area when UHV AC transmission line crossing 220 kV tower［J］. The Journal of Engineering，2019（16）：2986-2990.

［55］ZHAO R，YAN W，ZHANG J，et al. Dynamic coordination optimization model of regional and provincial AGC unit control for ultra-high voltage line interconnected power system［C］//2018 International Conference on Power System Technology（POWERCON）. IEEE，2018：3497-3506.

［56］LIU Z，WEN X，WANG Y，et al. Experiment on the hillside effects of lightning shielding of ultrahigh voltage common tower double-circuit transmission lines［J］. IEEE Transactions on Plasma Science，2016，44（8）：1442-1448.